VW 1600 nie bemerken würden.

Der Knopf des Schalthebels ist hohl, damit Schwingungen verhindert werden.

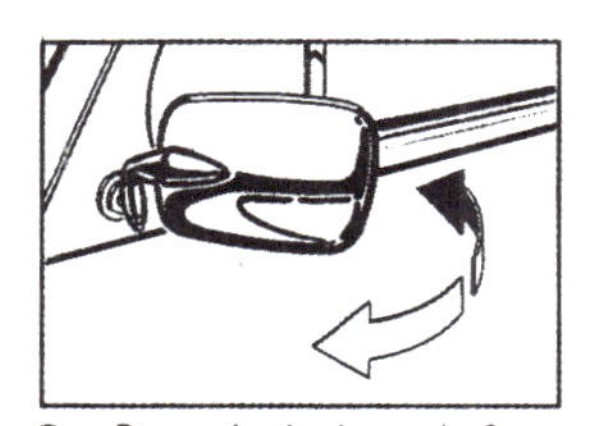
Das Doppelgelenk am Außenspiegel ermöglicht leichte und genaue Einstellung und sorgt dafür, daß der Spiegel bei einem starken Stoß nicht abbricht, sondern wegklappt.

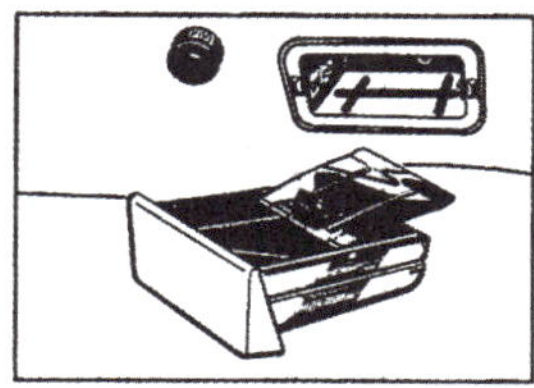
Der vordere Aschenbecher wird von kleinen Blattfedern und Kunststoffrollen so geführt, daß er nicht klappert und trotzdem leicht gleitet.

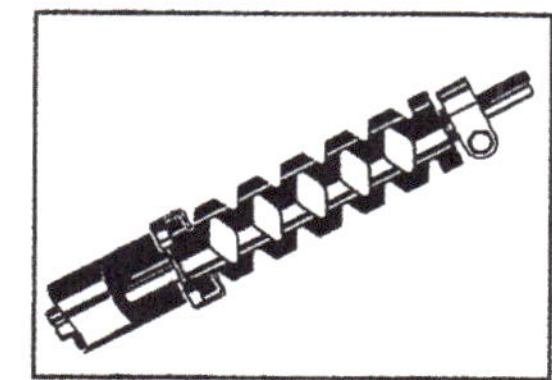
Die Sicherheitslenksäule weicht bei einem Aufprall seitlich aus.

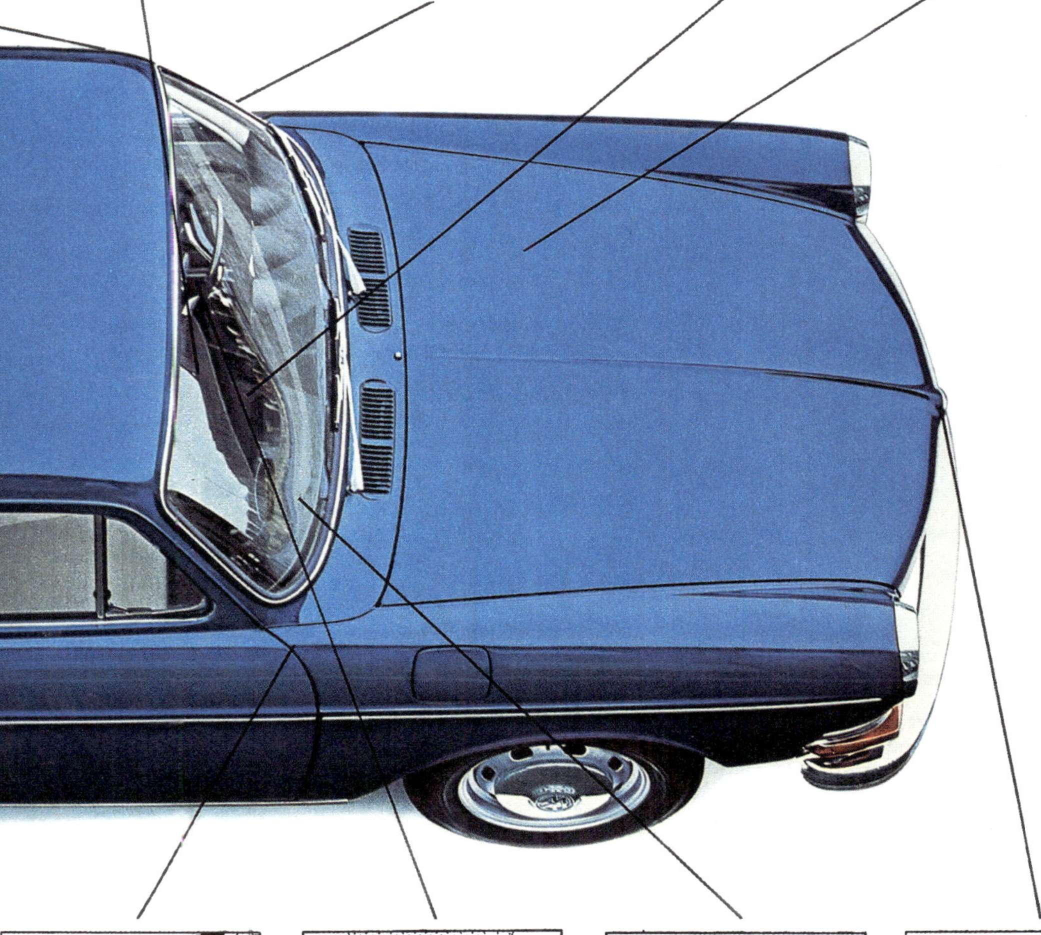

AF543550

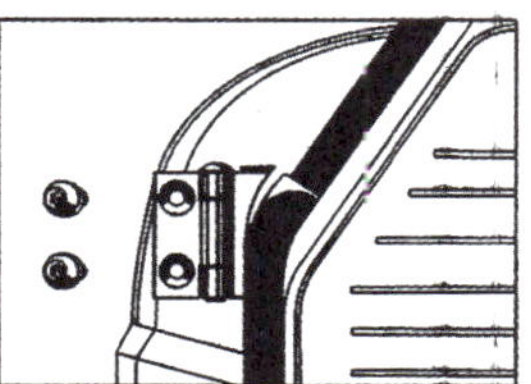
Die angeschraubten und nicht angeschweißten Türscharniere erlauben schnellen und billigen Aus- und Einbau der Türen bei Reparaturen.

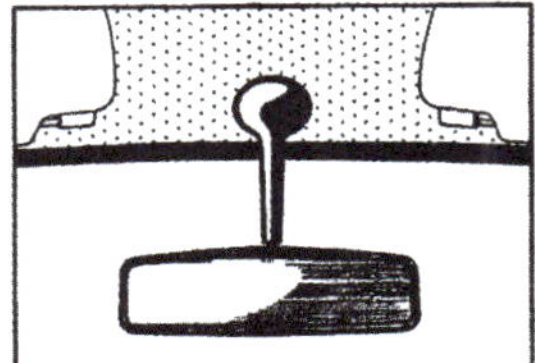
Der Sicherheits-Innenspiegel löst sich bei einem Aufprall aus seiner Halterung.

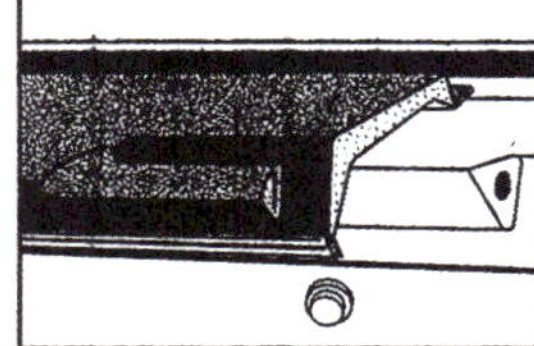
Die Polsterung der Armaturentafel ist nicht nur ein Stoßschutz, sie verhindert auch Blendung und dämpft Geräusche.

Ein zweistufiges Verriegelungssystem sichert die Fronthaube auch bei nachlässigem Verschluß gegen Auffliegen.

VW ist kein Detail unwichtig.

t Automatic plus 800,– Mark. (Alle Preise a.W., inkl. Umsatzsteuer.) Die Volkswagen-Finanzierungsgesellschaft macht den Kauf leicht.

Simon Glen

Volkswagen TYP 3

Geschichte | Technik | Varianten

Impressum

HEEL Verlag GmbH
Gut Pottscheidt
53639 Königswinter
Tel.: 02223 9230-0
Fax: 02223 9230-26
E-Mail: info@heel-verlag.de
Internet: www.heel-verlag.de

Der Originaltitel „Volkswagen Type 3“ ist erschienen bei:
Veloce Publishing Ltd.
Parkway Farm Business Park,
Middle Farm Way
Dorchester DT1 3AR
England

Übersetzung, Lektorat, Satz und Gestaltung der deutschen Ausgabe:
G&U Language & Publishing Services GmbH, Flensburg

Technische Beratung: Carsten Ripke und Jürgen Klein vom Verein VW Typ 3 Liebhaber e.V.

Titelbild: © VW AG

Printed in Latvia

ISBN: 978-3-95843-993-1

Simon Glen

Volkswagen TYP 3

Geschichte | Technik | Varianten

HEEL

Inhalt

Danksagung

Ein Buch dieser Art lässt sich nicht ohne die Mitarbeit und Hilfe vieler anderer Personen schreiben. Ich bin all diesen Menschen für ihre Unterstützung und für die vermittelten Kenntnisse sehr dankbar, unter anderem:

José Eduardo Silveira, Rio de Janeiro; Geraldo Telles, São Paulo; Jürgen Seil, Port Stephens, Australien; Adriaan Pienaar, Bloemfontein; John Lemon, East London, Südafrika; Lee Hedges, Los Angeles; Mitarbeiter der Stiftung AutoMuseum Volkswagen, Wolfsburg; Mitarbeiter des historischen Archivs der Wilhelm Karmann GmbH, Osnabrück; Peter Huntley, Goulburn, Australien; Phil Matthews, Sydney

Literatur

Es gibt eine Menge Bücher über VW-Fahrzeuge. Einige geben nur einen kurzen und manchmal schlecht recherchierten, klischeehaften Abriss über den Typ 3 – wenn überhaupt. In manchen davon wird der Typ sogar als Fehlschlag bezeichnet, was er mit Sicherheit nicht war, wenn man ihn mit anderen beliebten Autos vergleicht, wie am Ende von Kapitel 6 beschrieben wird. Mit Sicherheit war er nicht „unsicher bei allen Geschwindigkeiten", so wie Ralph Nader den Chevrolet Corvair beschrieb und wie er von manchen Journalisten dargestellt wurde.

Da so wenig über den Typ 3 geschrieben wurde, fällt die Literaturliste hier sehr kurz aus.

Internet

Es gibt zwei Websites von unschätzbarem Wert:

- Website des Deutschen Clubs *Die Typ 3-Liebhaber* (www.typ3.de). Hier finden Sie auch ein sehr aktives Forum (generation-luftgekuehlt.de/app.php/Portal) sowie eine ausführliche Link-Liste mit nützlichen Adressen und Kontakten.
- Website des British Type3/Type 4 Club, unterhalten von Dave Hall (*http://www.vwtype3and4club.org.uk*)

Bücher

Es gibt einige Titel, in denen auch die Geschichte, Entwicklung, Produktion und Technik des Typ 3 angesprochen wird:

- H-G Mayer-Stein (1994): *Die großen VW*, Karlsruhe: Verlag Karl Goerner
- Long, D./Matthews, P. (1993): *Knowing Australian Volkswagens*, Sydney: Bookworks.
- Davies, R./Davies, L. (2004): *Volkswagen in Australia*, Melbourne: ASF Publications
- Stiftung AutoMuseum Volkswagen (Hrsg.) (2000); *Zeithaus Autostadt*, Wolfsburg

Ebenfalls nützlich, um technische Informationen zu gewinnen, sind die beiden folgenden Broschüren:

- Volkswagen AG (Hrsg.) Ersatzteilkatalog (siehe auch: https://www.typ3.de/index.php?page=ersatzteilkatalog) und original VW-Werkstatt-Handbücher.
- Volkswagen AG (Hrsg.) (Aug. 1972): *VW Service Without Guesswork*, Wolfsburg. In den 1960er und 1970er Jahren jährlich erschienen.
- Volkswagen AG (Hrsg.) (Okt. 1988): *Motorkennbuchstaben – kW/PS*, Wolfsburg. Gibt technische Daten zu den Motoren aller in Deutschland gefertigten VW von 1961 bis 1988.

Ein Buch im größeren A4-Format, das ebenfalls sehr nützliche technische Daten enthält, ist:

- VW AG, Originalteile-Center (Hrsg.) (1979): *Parts Vehicle Data*, Kassel.

Diese offizielle VW-Publikation führt die Motorcodenummern, die M-Optionsnummern und die allgemeinen Teilenummern der in Deutschland produzierten Fahrzeuge vom Typ 1, 2, 3 4, K-70, Passat, Golf, Scirocco, Typ 1 Ghia, Polo, Audi 50 und LT auf. Reparatur- und Wartungshandbücher sind in Kapitel 8 aufgeführt, darunter auch die CD-ROM mit dem ETKA. In dieser Hinsicht ist auch das Buch *How to Keep Your Volkswagen Alive* von John Muir von unschätzbarem Wert, da es Dinge erklärt und Improvisationsmöglichkeiten aufzeigt. Denken Sie jedoch daran, dass es in diesem Buch um amerikanische Modelle geht. Es erschien erstmals 1969 und wurde seitdem mehrfach überarbeitet. Die 19. und bisher letzte Ausgabe erschien 2001.

Hinweis

Uns ist bewusst, dass Sie die Fotos in diesem Buch lieber in größerem Format sehen würden. Es handelt sich dabei jedoch um Bildmaterial, das von der internationalen Typ-3-Fangemeinde im Laufe vieler Jahre gesammelt wurde und größtenteils aus Schnappschüssen geringer Größe und/oder Auflösung besteht, was die mögliche Druckgröße erheblich einschränkt. Wir hoffen jedoch, dass Sie uns diesen Aspekt der Darstellung angesichts der großen Menge und Bandbreite der Illustrationen verzeihen können.

Kapitel 1
Typenübersicht

Volkswagen begann 1949, die verschiedenen Modelle als „Typ" mit laufender Nummer zu bezeichnen. Bis 1961 gab es jedoch nur zwei Typen, nämlich den Käfer als Typ 1 und den Bulli als Typ 2. Diese Fahrzeuge waren offensichtlich sehr verschieden voneinander: Zwar hatten beide einen luftgekühlten Boxermotor aus einer Magnesiumlegierung mit stehendem Gebläse, doch die Torsionsstabfederung und das Pendelachsengetriebe des Typ 2 waren größer und stärker. Beim Käfer oder Typ 1 war die Karosserie auf einen klassischen Zentralrohrrahmen aufgeschraubt, beim Typ 2 dagegen wurde der große, kastenförmige Aufbau auf einen Leiterrahmen geschweißt.

Darüber hinaus gab es jeweils Untertypen für die verschiedenen Varianten der Grundversion. Beispielsweise wurde die Coupé-Version des Typ 1 – der „kleine" Karmann-Ghia – als Typ 14 bezeichnet und die Pritschenwagenversion des Bulli als Typ 26. Der Karmann-Ghia Typ 14 hatte ein breiteres Chassis als der Käfer, das später auch als Grundlage für das Militärfahrzeug VW 181 (Modelle der Jahre 1971–1976) und für das Postauto Typ 147 („Fridolin") verwendet wurde.

1961 kam dann das neue Modell 1500 hinzu und erhielt die Bezeichnung Typ 3. Auch von ihm gab es verschiedene Untertypen:

- Typ 31: Limousine mit Stufenheck und ab 1966 auch mit Fließheck
- Typ 36: Variant, die Kombiausführung
- Typ 34: Der „große" Karmann-Ghia bzw. Razor Edge (im englischen Sprachraum) als Coupé
- Typ 35: Cabrio-Limousine

Der Typ 3 hatte sein eigenes Chassis, eine einzigartige vordere Torsionsstabfederung und einen Boxermotor aus einer Magnesiumlegierung auf der Grundlage des Käfermotors. Merkwürdig ist, dass die Stufen- und die Fließheckversion

Von oben nach unten: Typ 31 mit Stufenheck, Typ 31 mit Fließheck, Cabrio Typ 35, Typ 36 Variant, Lieferwagen Typ 36, Karmann-Ghia Typ 34

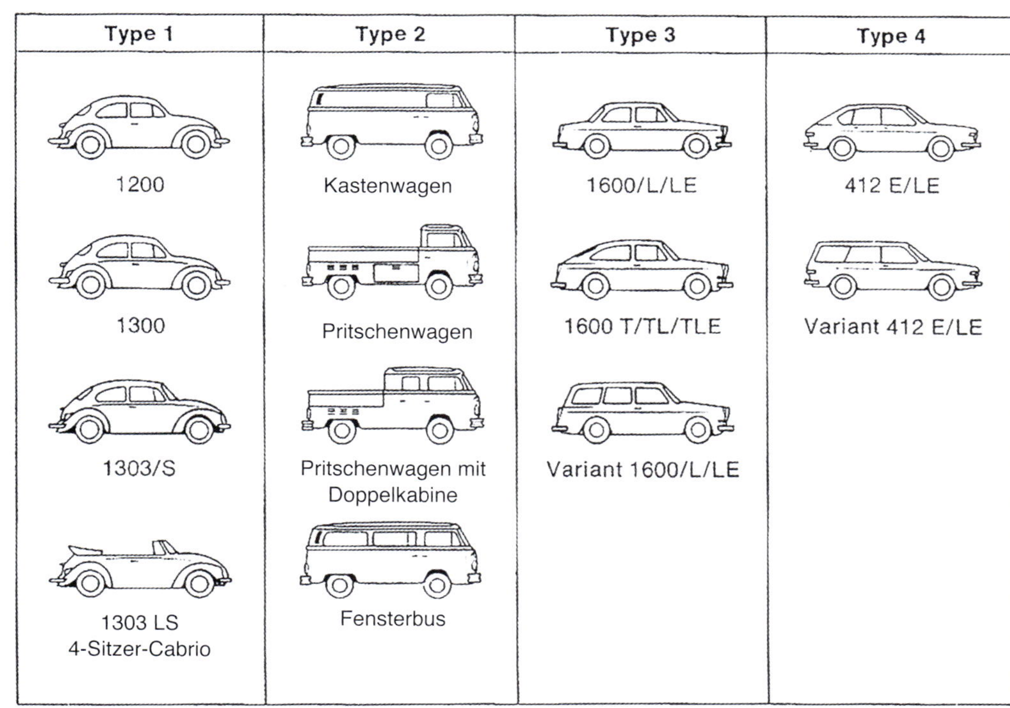

Die vier Volkswagen-Typen mit luftgekühltem Motor im Jahr 1973

trotz ihrer unterschiedlichen Karosserie die gleiche Typbezeichnung trugen. Es gab auch noch den Typ 35, eine Cabrioversion des Stufenheckmodells, allerdings wurden in den Karmann-Werken nur eine Handvoll davon gebaut (wahrscheinlich zwölf), von denen nur noch zwei existieren.

Die Typen 31 und 36 wurden im Werk Wolfsburg sowie unter teilweiser Verwendung lokal gefertigter Elemente auch im südafrikanischen Uitenhage und in Clayton (Melbourne) hergestellt. Einige Typ-3-Fahrzeuge der Jahre 1964 bis 1969 wurden ebenfalls in Dublin montiert. Die Coupés des Typ 34 entstanden in den Karmann-Werken in Osnabrück.

In Deutschland (von 1963 bis 1973) und Australien (von 1965 bis 1966) wurde auch eine Lieferwagenversion des Typ 36 Variant mit der VW-Option M-265 gebaut, bei der die mittleren und hinteren Seitenfenster keine Scheiben hatten, sondern mit Blechen zugeschweißt waren, und die Rückbank fehlte. Diese Ausführung wird als 36-265 bezeichnet.

Außerdem gab es noch die Ausführung 264, die ebenfalls keine Seitenscheiben, aber eine Rückbank hatte. Die australische Ausführung verfügte über eine hintere Ladefläche aus Sperrholz.

Die Bezeichnung Variant ist auf die Kombiversionen der Fahrzeugmodelle Typ 4, Passat und Golf übergegangen. In englischsprachigen Regionen werden jedoch gelegentlich heute noch alle Typ-3-Varianten irrtümlich als „Variant“ bezeichnet. Und selbst bei der deutschen Kundschaft stand seinerzeit die Bezeichnung „Variant“ umgangssprachlich für den Typ 3, da diese Ausführung aufgrund ihrer großen Produktionszahl im Straßenbild jener Tage auffiel.

Die brasilianischen Modelle

Als ob das Verwirrspiel nicht schon groß genug wäre, haben die brasilianischen Volkswagen-Werke Fahrzeuge mit Typ-3-artiger Karosserie, aber dem breiteren Chassis des Karmann-Ghia Typ 14 hergestellt. Da sie auf dem Chassis des Typ 1 mit der Vorderradaufhängung des Käfers basieren, erhielten Sie auch Typbezeichnungen, die mit 1 beginnen. Einige der ersten dieser Hybridmodelle hatten auch den Käfermotor mit stehendem Gebläse. Die meisten Kombis, Coupés, Fließheck- und Sportausführungen jedoch erhielten die Typ-3-Flachmotoren mit Zweifachvergaser-Anlage. Aufgrund ihrer Typbezeichnungen ließe sich argumentieren, dass sie eben nicht zum Typ 3 gehören, allerdings wir werden sie in diesem Buch dennoch behandeln, da sie außer dem Chassis alle Hauptmerkmale des Typ 3 aufweisen.

Die Typen 103, 105, 107 und 109 sehen dem Typ 3 sehr ähnlich, da die Karosserie die gleiche Form hat, allerdings enthalten diese Hybridmodelle viele tragende Elemente des Typ 1, darunter das Chassis und die Federung. Der Typ 102 Brasilia wurde sowohl in Brasilien als auch in Mexiko hergestellt (und unter der Bezeichnung Igala auch in Nigeria endmontiert). Er hat das Chassis, die Federung, das Getriebe und den Motor des Käfers und sieht aus wie ein mögliches Nachfolgemodell des Käfers. Tatsächlich

Oben: zweitüriger VW Typ 102 Brasilia; unten: viertüriger VW Typ 102 Igala. Trotz der unterschiedlichen Namen handelt es sich hierbei um das gleiche Modell. Der Brasilia wurde vom brasilianischen Werk auch in einer viertürigen Version geliefert.

Oben links: Viertürer Typ 103; oben rechts: Zweitürer Typ 105 Variant; unten links: Zweitürer Typ 107 mit Fließheck; Unten rechts; Viertürer Typ 109 mit Fließheck. Im Gegensatz zu Brasilia und Igala, bei denen es sich eher um VW Käfer mit moderner Karosserie handelt, weisen diese vier Fahrzeuge mehr als nur eine oberflächliche Ähnlichkeit mit den deutschen Typ-3-Modellen auf.

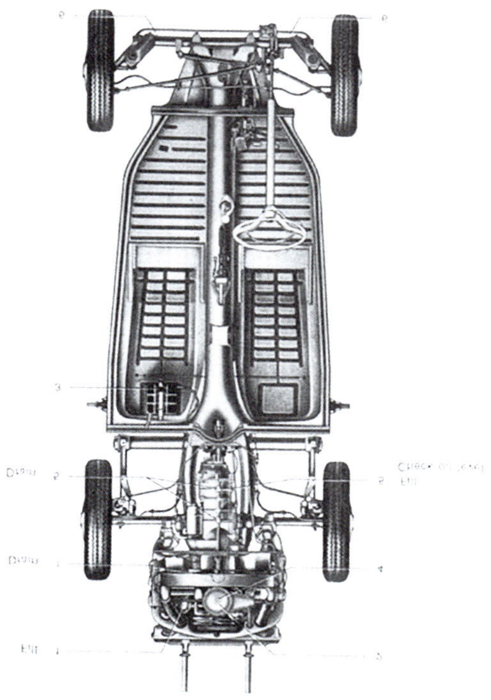

V.l.n.r.: Chassis des Typ 1 (Käfer), des Karmann-Ghia 14 und des Typ 3. Das Käferchassis ist schmaler und verjüngt sich deutlich im vorderen Teil. Beim Typ 14 ist diese Verjüngung weniger stark ausgeprägt, allerdings sind die Vorder- und Hinterachse wie beim Käfer ausgelegt. Das Chassis des Typ 3 dagegen ist vorn sehr eckig und verfügt über völlig andere Vorder- und Hinterachsen. Bei allen brasilianischen Modellen wurde das Karmann-Ghia-Chassis mit hinterer Pendelachse genutzt (Mitte). Die einzige Ausnahme bildet der Typ 30 mit einem modifizierten Typ-3-Chassis mit McPherson-Federbeinen vorn, Zahnstangenlenkung und Hinterachswellen mit Gleichlaufgelenken sowie Typ-3-Hinterradaufhängung. (Fotos rechts und links mit freundlicher Genehmigung von VW; mittleres Bild mit freundlicher Genehmigung von The Samba.)

Dieses Foto aus einer Vertragswerkstatt zeigt einen frühen Typ 31, bei dem die Karosserie gerade wieder auf das Chassis gesenkt wird.

allerdings wurde der Käfer später durch den völlig anders gearteten Golf ersetzt. Da es sich beim Brasilia und Igala im Grunde genommen um einen Typ I mit modernerer Karosserie handelt, wird er in diesem Buch nicht behandelt.

Trotz der Gestaltung seiner Front darf der Brasilia nicht mit dem viel größeren deutschen VW 412 (Typ 4) und den späteren Versionen der brasilianischen Typen 105, 107 und 109 verwechselt werden. Dieses Design wird manchmal als „Leiding-Front" bezeichnet, da sie entwickelt wurde, als Rudolf Leiding von 1968 bis 1971 Direktor des brasilianischen Zweigs war. Nach dieser Zeit kehrte Leiding nach Deutschland zurück, wo er als Vorstandsvorsitzender der Volkswagenwerke AG Änderungen an dem umstrittenen VW 411 veranlasste und brasilianische Gestaltungselemente auch beim aufgehübschten VW 412 einführte.

Die brasilianischen Modelle hatten die folgenden Typbezeichnungen:

Typ 102	**Zwei- und viertürige Schrägheckmodelle Brasilia und Igala (Motor mit stehendem Gebläse)**
Typ 103	**Viertürige Limousine „4-Portas" (1969–1972; stehendes Gebläse)**
Typ 105	**Zweitüriger Kombi „Variant" (1970–1977)**
Typ 107	**Zweitüriges Fließheckmodell (1970–1976)**
Typ 109	**Viertüriges Fließheckmodell (1973–1977)**
Typ 145	**Karmann-Ghia 1600 TC (1970–1976)**
Typ 147	**Sportwagen SP-1 (1972); nicht zu verwechseln mit dem deutschen Postfahrzeug Typ 147**
Typ 149	**Sportwagen SP-2 (1972–1977)**
Typ 30	**Zweitüriger Kombi „Variant II" (1977–1981)**

Die „Leiding-Front", von oben nach unten: VW Typ 412, VW Typ 102 Brasilia, VW Typ 109 mit Fließheck

Typ 30 Variant II

Um die Verwirrung noch zu steigern, gab es auch einen Typ 30. Diese letzte Variante des Typ 3 war ein dreitüriger Kombi, der von 1977 bis 1981 in Brasilien hergestellt und als Variant II verkauft wurde. Er hatte das weiterentwickelte deutsche Typ-3-Chassis mit dem Typ-3-Flachmotor 1600, allerdings mit McPherson-Federbeinen an der Vorderachse, Zahnstangenlenkung sowie Hinterachswellen mit Gleichlaufgelenken. Damit war er für seine Zeit technisch ziemlich fortschrittlich. In diesem Buch wird er in Kapitel 18 behandelt.

Typ 4

Vom Modelljahr 1969 bis 1974 produzierte Volkswagen auch die Typ-4-Modelle VW 411 und 412 als zwei- und viertürige Fließhecklimousine und als zweitürigen Kombi. Die Typ-4-Wagen sind völlig andere Fahrzeuge als die Modelle des Typ 3. Sie sind nicht nur viel größer, sondern haben auch eine selbsttragende Karosserie, Spiralfedern und einen komplett neuen luftgekühlten Flachmotor aus einer Aluminiumlegierung (mit Ausnahme der 1969er Modelle, bei denen der Motor noch aus einer Magnesiumlegierung bestand). Die Typ-4-Motoren wurden auch als leistungsfähigere Option für die Typ-2-Modelle der Jahre 1972 bis 1983 angeboten sowie in den Sportwagen VW-Porsche 914 (1970 bis 1975) und Porsche 912E (1976) verwendet. Der Typ 4 lief in Wolfsburg und Ingolstadt sowie in Uitenhage in Südafrika vom Band.

Viertüriger VW 411 mit Fließheck von 1969

Zweitüriger VW 412 Variant von 1973

Bulli

Die Verwendung der Abkürzung „T3" für den Typ 3 kann zu Verwechslungen mit dem Bulli führen. Zwar gehörten alle Bulli-Modelle von 1949 bis 1992 der Typ-2-Familie an, doch wurden die aufeinander folgenden Generationen als T1 (1950–1967), T2 (1968–1979), T3 (1980–1992), T4 (1990–2003), T5 (2003–2015) und T6 (ab 2016) bezeichnet. Die Modelle T4 bis T6 werden von Volkswagen nicht mehr zum Typ 2 gerechnet, sondern zum Typ 7, was sich auch in ihren Fahrgestellnummern niederschlägt. Einen Typ 3 kurz als T3 zu bezeichnen, ist daher irreführend, da diese Nummer für die dritte Generation des Bulli steht.

Aber die Verwirrung lässt sich sogar noch steigern: Ebenfalls zum Typ 4 gehören der heute ziemlich seltene erste wassergekühlte Volkswagen mit Vorderradantrieb, nämlich der VW K70 (Typ 48) und der Sportwagen VW-Porsche 914 (Typ 47). In diesem Buch aber soll es um die Fahrzeuge gehen, die Volkswagen-Fans als die klassischen Typ-3-Modelle mit luftgekühltem Heckmotor kennen.

T1 T2
T4 T5 T3
T6 T6.1

Modelljahre

Bei Volkswagen läuft das Modelljahr wie bei vielen anderen deutschen Autoherstellern auch vom 1. August bis zum 31. Juli.[1] Ein VW, der am 2. August 1971 in Wolfsburg vom Band lief, gehört also zum Modelljahr 1972, auch wenn er kalendarisch 1971 gefertigt wurde. Zwar nimmt Volkswagen auch während eines Produktionsjahrs Änderungen an den Autos vor, allerdings werden erhebliche Neuerungen erst ab dem 1. August eingeführt, wenn die Arbeiter aus den Sommerferien zurück sind. Auf dieser Datierung basieren auch die Angaben in diesem Buch, wenn etwa ein Fahrzeug als „1969er Variant" oder „Modell von 1973" usw. bezeichnet wird.

1. Die Festlegung des Modelljahrs vom 1. August zum 31. Juli wurde von den 1960ern bis in die 1980er verwendet, allerdings werden die Daten zurzeit nicht so streng eingehalten. Manche VW-Werke (z. B. Wolfsburg) bauen Autos für das neue Modelljahr bereits Anfang Juli vor den Sommerferien, während in anderen Werken immer noch der 1. August der Stichtag ist.

Dieses zeitgenössische Werbefoto zeigt die drei Grundvarianten des VW Typ 3 des Modelljahrs 1972.

Dieses Foto eines Typ 36 Variant von 1963 entstand beim Frühstück am Ufer des Sambesi in Afrika. Kein ungefährlicher Ort für ein Frühstück, denn jederzeit hätte ein Krokodil aus dem Fluss auftauchen und sich als ungebetener Gast dazugesellen können.

Kapitel 2

Schriftzüge und Logos

Während der ca. 20 Produktionsjahre des Typ 3 hat Volkswagen viele verschiedene Schriftzüge und Logos an diesen Fahrzeugen angebracht, insbesondere am Heck. Die folgenden Abbildungen zeigen nur eine kleine Auswahl davon.

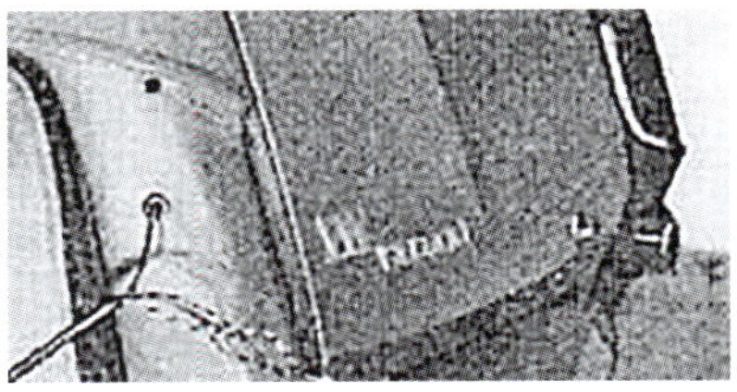

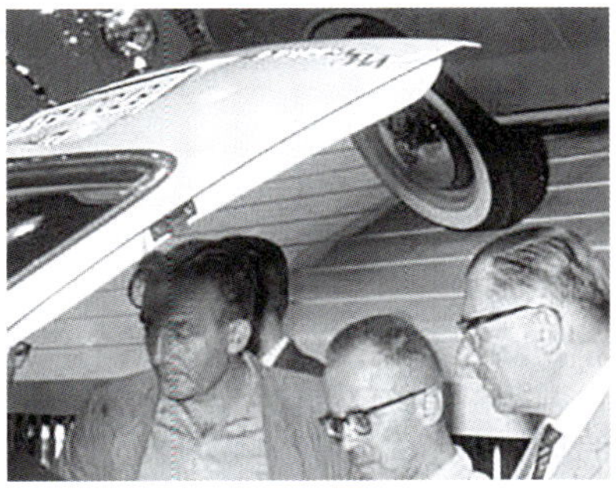

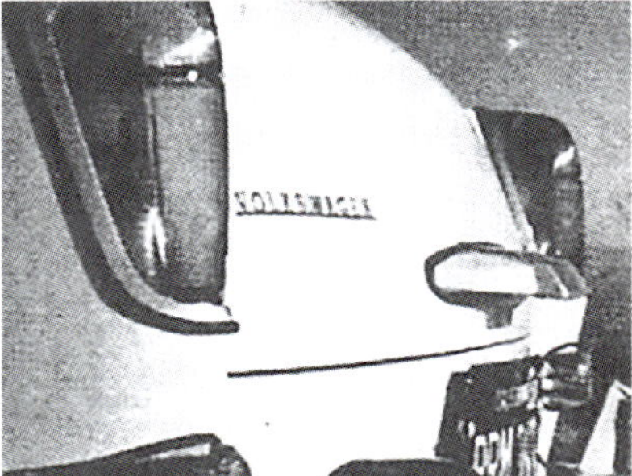

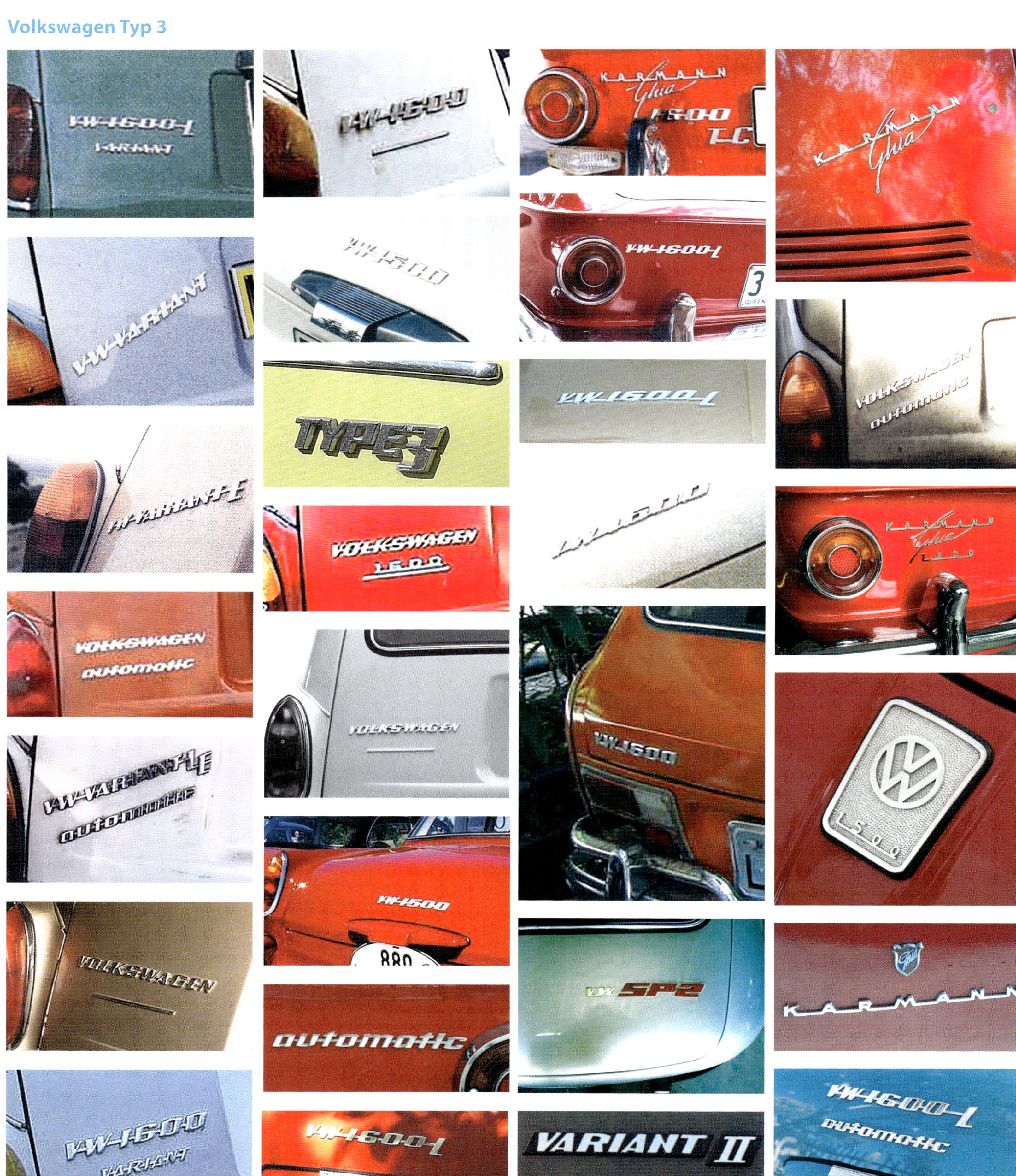
VW-1600-L
VARIANT
VW-VARIANT
TYPE3
VOLKSWAGEN
1600
automatic
VW-1500
VW SP2
VARIANT II
KARMANN
Ghia
1500

VW 1600-TL
QUEENSLAND - SUNSHINE STATE
OHV·372

919·FIF
MIA·71

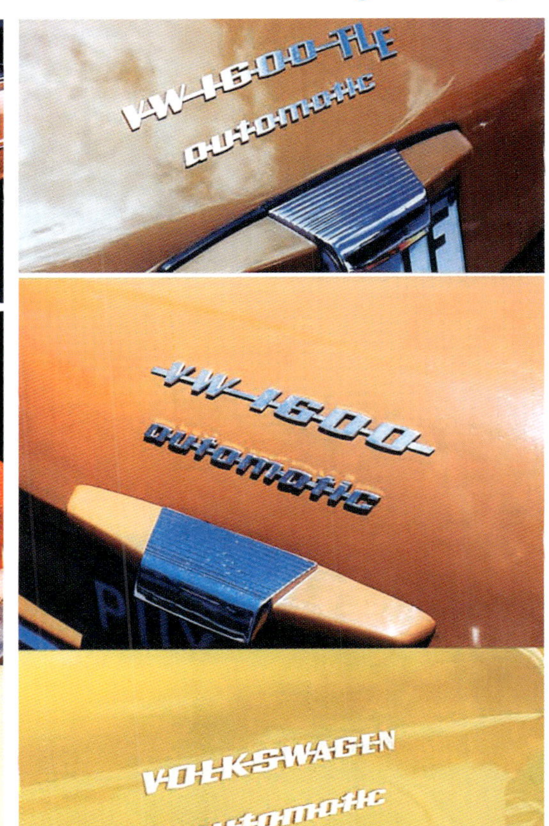
VW 1600 TLE
automatic
VW 1600
automatic

VW 1600

LJG-9658

VW 1600 TLE
automatic
VOLKSWAGEN
automatic

DAK·64S

BP 84-158

Kapitel 3
Fahrgestellnummern

Die Fahrgestellnummer (offiziell Fahrzeugidentifizierungsnummer, FIN) ist beim Typ 3 unter den Rücksitzen am Zentralrohr des Chassis angebracht.

Bei diesem Typ 3 wurde die Rückbank angehoben oder ausgebaut. Die Fahrgestellnummer ist auf dem Mitteltunnel eingeschlagen (siehe Bildmitte).

Die ältesten deutschen Typ-3-Fahrgestellnummern bezeichnen Fahrzeuge von April 1961, wobei in diesem Monat nur 17 Exemplare hergestellt wurden. Es handelt sich dabei einfach um laufende Nummern, die in der Reihenfolge vergeben wurden, in denen die Wagen in Wolfsburg vom Band rollten. Einige Nummern wurden auch auf Chassis geprägt, die dann zur Montage mit einer unterschiedlichen Menge an lokal gefertigten Teilen in die Karmann-Fabrik nach Osnabrück und in die Volkswagen-Werke in Australien, Irland und Südafrika gesandt wurden.

Mit dem Modelljahr 1965 führte Volkswagen ein neues System für Fahrgestellnummern ein. Die laufende Nummerierung wurde beibehalten, allerdings kamen vorn noch zwei Stellen für den Typcode und eine Stelle für das Modell-

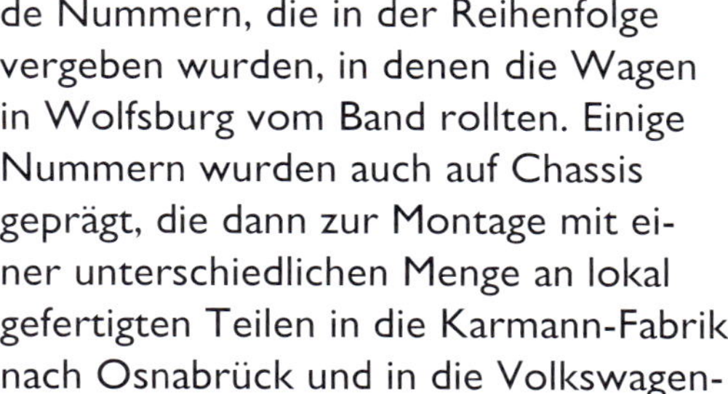

Oben links: Eine der ersten Fahrgestellnummern eines Typ 3 – das 54. Fahrzeug in der Produktionsreihenfolge, hergestellt im August 1961.

Oben rechts: Diese Nummer ist in ein Typ-3-Chassis gestanzt, das im September 1963 das Werk verließ. Das lässt sich zwar nicht aus den Nummern dieses alten Systems ablesen, allerdings hat das betreffende Fahrzeug dem Autor gehört. Dieser Typ 31 mit Stufenheck wurde wahrscheinlich im November 1963 in Australien montiert. Auch dies geht aus der Fahrgestellnummer nicht hervor. Zu erkennen war es jedoch daran, dass in die meisten Fensterscheiben der Schriftzug von Pilkington und ein A neben dem VW-Logo eingraviert waren. Es gab auch andere Teile, die in Australien gefertigt worden waren, darunter Zündspule, Lichtmaschine, Reifen, Glühbirnen, Scheibenwischer usw.

Unten: Diese Fahrgestellnummer gehört zu einem Karmann-Ghia Typ 34 von 1966. Von links nach rechts schlüsselt sich die Nummer wie folgt auf: 3 = Typ, 4 = Karmann-Ghia, 6 = Modelljahr 1966. Die restlichen sechs Stellen bilden die laufende Fahrzeugnummer, die allerdings besagt, dass es sich um den 182.134sten Typ 3 handelt, der in diesem Jahr hergestellt wurde, nicht um den 182.134sten Typ 34. Wenn dieses Fahrzeug in Wolfsburg gebaut worden wäre, hätte es im Februar 1966 vom Band rollen müssen. Als Karmann-Ghia Typ 34 wurde es jedoch bei den Karmann-Werken in Osnabrück mit einem von Volkswagen in Wolfsburg gelieferten Chassis gebaut. Daher wurde es wahrscheinlich sechs Wochen später gefertigt, also im April 1966. Wäre das Chassis für einen Typ 31 oder 36 verwendet worden, so hätte die Montage bis zu zwei Monate später in Clayton in Australien oder in Uitenhage in Südafrika stattgefunden. Zwischen 1964 und 1969 wurde der Typ 3 in kleinen Stückzahlen in Irland zusammengebaut, und zwar gewöhnlich nur wenige Wochen nach Herstellung des Chassis.

jahr hinzu. Eine Fahrgestellnummer wie 369283405 bezeichnet daher einen Typ 36 Variant des Modelljahrs 1969, und zwar den 283.405sten in diesem Jahr gefertigten Typ 3. Bei den Modellen des Jahres 1970 kam hinter der Jahresangabe noch eine weitere Stelle als Abstandshalter hinzu, immer eine 2. Sie bezeichnet die „langschnauzigen“ Modelle und verhindert Verwechslungen bei wiederholten Jahresangaben. So gehört beispielsweise die Nummer 363 2 081255 zu dem Typ 36 Variant (im englischen Sprachraum Squareback genannt) von 1973, der in der Produktionsreihenfolge des Typ 3 jenes Jahres Platz 81.255 einnimmt.

Zusätzlich zu der auf dem Zentralrohr des Chassis eingestanzten Fahrgestellnummer gibt es auch noch ein Typenschild, das vor dem Reserverad an die Frontschürze genietet ist. Darauf befinden sich gewöhnlich grundlegende Angaben wie die Fahrgestellnummer, das Leergewicht und das zulässige Gesamtgewicht und der Produktionsort. Allerdings kann auch bei der Angabe „Made in Germany“ die Endmontage anderswo erfolgt sein.

Die brasilianischen Fahrgestellnummern beginnen mit B, worauf eine weitere Ziffer oder ein Buchstabe und dann eine bis zu sechsstellige laufende Nummer folgt. Beispielsweise bezeichnet BL 008256 den 8256sten SP-2 oder Typ 149, BA 086229 den 86.229sten Brasilia oder Typ 102, BV 168001 den 168.001sten Variant oder Typ 105, B9 004469 einen viertürigen Typ 103 (4-Portas) und BM 015684 einen Typ 145 oder Karmann-Ghia TC.

Deutsche Fahrgestellnummern

Der erste Typ 3 der Serienproduktion wurde am 28. April 1961 gefertigt und hatte eine Fahrgestellnummer von wahrscheinlich 000 014. In diesem Monat

(Fortsetzung Seite 19)

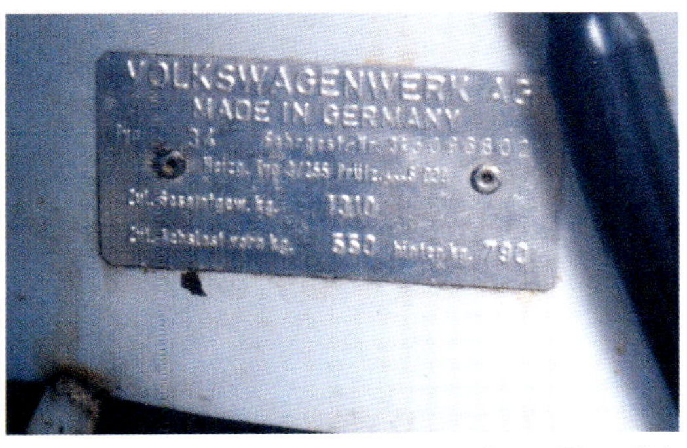

Typenschild eines Karmann-Ghia Typ 34 von 1965 an der Vorderseite neben dem Tankeinfüllstützen

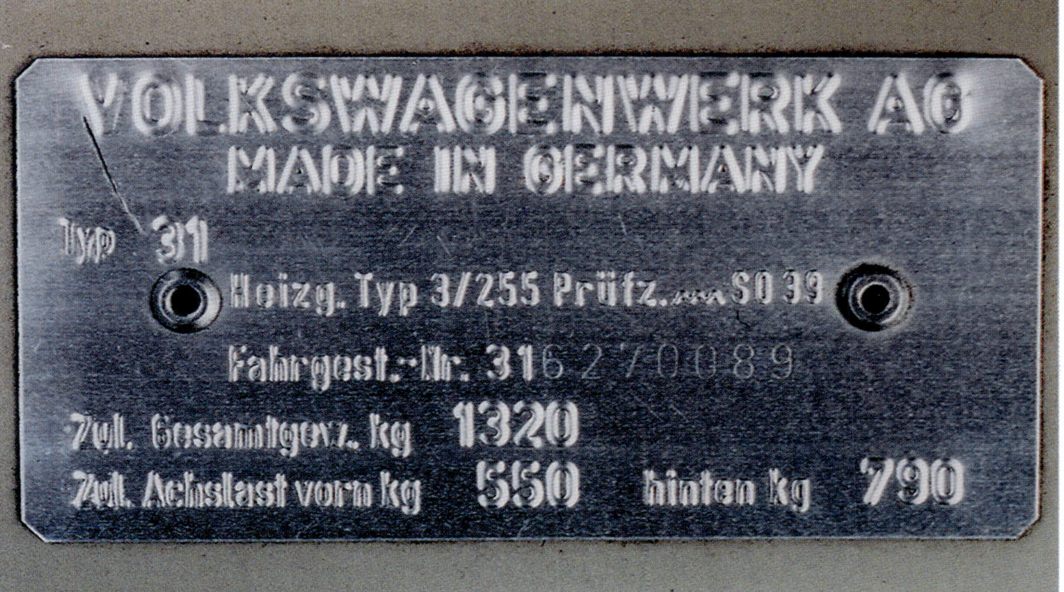

Ein übliches Typenschild an der Frontschürze eines Typ 31 von 1966

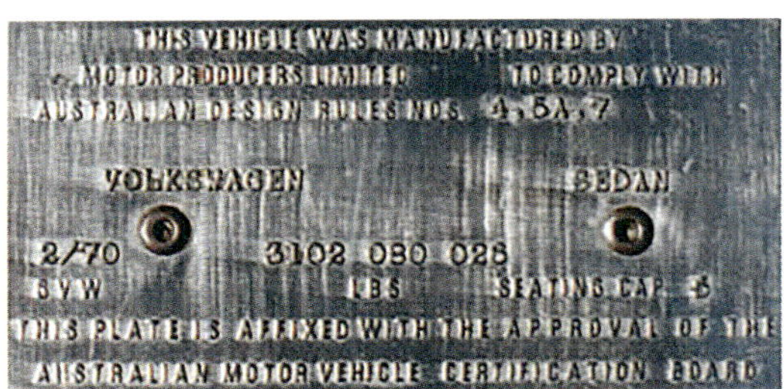

Typenschild eines in Australien montierten Typ 31 von 1970. Nach diesen Angaben wurde das Auto von Motor Producers Ltd. im zweiten Monat von 1970 nach den australischen Konstruktionsvorschriften 4.5A und 7 hergestellt.

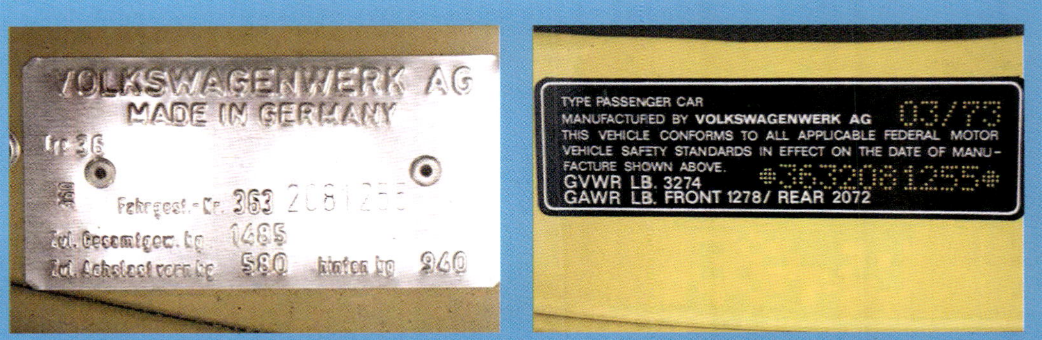

Typenschild eines für den USA-Export hergestellten Typ 36 von 1973. Von diesem Jahr an mussten Autos in den USA über einen zusätzlichen Aufkleber innen an der Türsäule verfügen, der das Produktionsdatum (hier 03/73), die Fahrgestellnummer und die Ladekapazität in Pfund (statt Kilogramm) angibt.

Identifizierungsplakette am Armaturenbrett eines amerikanischen Typ 36 von 1972

Diese Abbildungen aus der Betriebsanleitung eines Typ 3 für den amerikanischen Markt zeigen, wo die verschiedenen Identifizierungsmerkmale angebracht sind. Auf dem rechten Bild wird die Motornummer gezeigt, im unteren mittleren Bild die kleine Plakette mit der Fahrgestellnummer, die bei US-Modellen als zusätzliches Identifizierungsmerkmal an das Armaturenbrett genietet wurde.

Das Typenschild eines brasilianischen VW 1600TC Coupé und die Plakette mit der Fahrgestellnummer von Karmann-Ghia do Brasil. Hier ist weder das Produktionsdatum noch das Modelljahr angegeben. Die Plaketten gehören zu dem 15.684sten 1600TC seines Jahres, wahrscheinlich 1974.

Typenschild einer brasilianischen viertürigen Limousine vom Typ 103 in der Version M69. Sie wurde 1969 als 13.171stes Exemplar hergestellt.

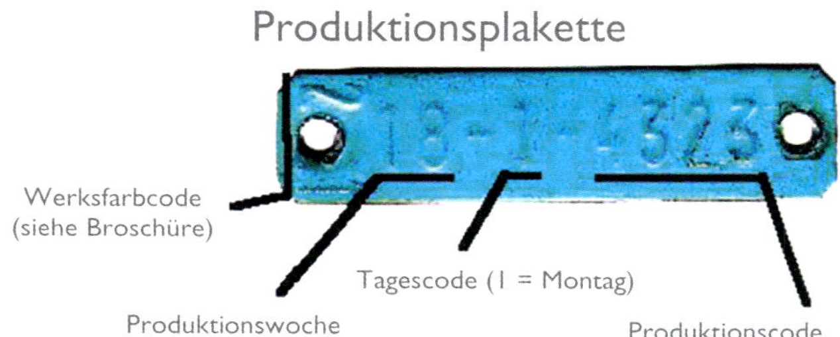

Bei den ab August 1970 in Deutschland gefertigten Typ-3-Fahrzeugen ist in der Nähe der Fahrgestellnummer auch eine kleine, unauffällige Produktionsplakette angeschweißt oder angenietet, aber mit der Karosseriefarbe übermalt. Es gibt das Produktionsdatum in Form der Kalenderwoche und der Nummer des Wochentags an. Das Fahrzeug, zu dem die hier gezeigte Plakette gehört, wurde am Montag der 18. KW gebaut. Anhand eines Kalenders des Jahres 1971 können Sie das genaue Datum herausfinden. Der Werksfarbcode steht für Marineblau (wie in den Broschüren abzulesen).

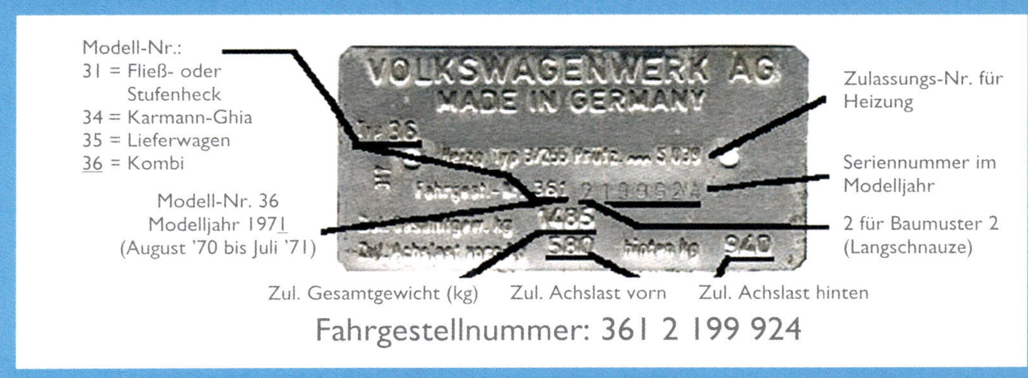

Ein übliches Typenschild eines in Deutschland hergestellten Autos, hier eines Typ 36 Variant von 1971 (mit freundlicher Genehmigung von Dave Hall vom British Type3/Type4 Club). Hinweis: Der Typ 5 ist nicht der Lieferwagen, sondern das von Karmann hergestellte Cabrio, von dem nur noch zwei Exemplare existieren. Der Lieferwagen gehört mit zum Typ 36, allerdings mit verschiedenen M-Optionen und ohne bestimmte Elemente. Mehr dazu erfahren Sie in Kapitel 14.

Oben: Der offene Kofferraum bei einem brasilianischen Typ 103. Das Typenschild befindet sich nicht vorn beim Reserverad, sondern hinten an der Brandschutzwand (im Foto links).

Unten: Beim brasilianischen Sportwagen SP-2 oder Typ 149 ist das Typenschild in der Nähe des Reserverads an der Frontschürze angebracht.

Typenschild an der Frontschürze eines in Südafrika endmontierten 1964er Typ 36 Variant. Der Code unter MODEL besagt, dass es sich um einen Typ 36 oder Variant handelt, wobei die 2 für einen Rechtslenker steht. Bei Linkslenkung lautet die letzte Ziffer 1. Diese dritte Stelle gehört nicht zur Fahrgestellnummer. Die sechsstellige laufende Seriennummer (SERIAL No) 369022 besagt, dass das Fahrzeug 1964 gebaut wurde. Die Aufschrift auf dem Schild ist in Englisch und Afrikaans gehalten. Des Weiteren besagen die Angaben, dass die Teile zwar in Westdeutschland gefertigt, aber im VW-Werk im südafrikanischen Uitenhage montiert wurden. Bei „VPO No" handelt es sich um die „Vehicle Production Order". Sie besagt, dass es sich bei diesem Fahrzeug um das 716ste Auto handelt, das im Dezember des betreffenden Jahres montiert wurde. Der Farbcode 02 steht für Diamantblau.

wurden nur 17 Exemplare gebaut. Bei den laufenden Nummern wurde jedoch nicht zwischen den Typen 31, 34 und 36 unterschieden. Die Produktion des Karmann-Ghia Typ 34 begann am 29. September 1961 in Osnabrück mit der Fahrgestellnummer 0 000 269, die Produktion des Typ 36 Variant am 15. Dezember 1961 mit der Nummer 0 006 827. Der Typ 31 mit Fließheck ging erst am 1. August 1965 mit der Fahrgestellnummer 316 000 001 in Produktion. Bei den Nummern dieses Systems kennzeichnet die zweite Stelle die grundlegende Ausführung: die 1 steht für die Fließ- und Stufenheckversion, die 4 für den Karmann-Ghia und die 6 für den Variant.

Produktionsstandorte

In der Liste der deutschen Fahrgestellnummern sind auch die australischen und südafrikanischen Nummern enthalten.

Die in Australien von Februar 1963 bis 1968 montierten Stufen- und Fließheckfahrzeuge sowie Kombis hatten einen hohen Anteil von lokal hergestellten Teilen (darunter das Kurbelgehäuse), was sich jedoch 1969 änderte. Von diesem Jahr an bis zum September 1973 erfolgte in Australien nur noch eine CKD-Montage (Endmontage aus einem komplett gelieferten Teilesatz) mit weniger australischen Teilen. Im Laufe von elf Jahren wurden in Australien 55.000 Fahrzeuge vom Typ 3 hergestellt. Danach wurde die Produktion von der CKD-Montage des Passat abgelöst.

Die Produktion von Fließ- und Stufenheckfahrzeugen sowie Kombis des Typ 3 in Südafrika lief von September 1963 bis Januar 1970 (was immer noch als Modelljahr 1969 galt) aus kompletten CKD-Sätzen mit vielen örtlich hergestellten Teilen. Im Zeitraum von mehr als sechs Jahren entstanden hier insgesamt 38.363 Fahrzeuge. Danach wurde auf die CKD-Montage des Typ 4 umgeschwenkt.

	April 1961 bis Dez. 1961	0 000 014 bis 0 011 041
	Jan. 1962 bis Dez. 1962	0 011 042 bis 0 138 774
	Jan. 1963 bis Dez. 1963	0 138 775 bis 0 321 076
	Jan. 1964 bis Juli 1964	0 321 077 bis 0 483 592
MJ 1965	Aug. 1964 bis Juli 1965	315 000 001 bis 315 220 883
MJ 1966	Aug. 1965 bis Juli 1966	316 000 001 bis 316 316 238
MJ 1967	Aug. 1966 bis Juli 1967	317 000 001 bis 317 233 853
MJ 1968	Aug. 1967 bis Juli 1968	318 000 001 bis 318 235 387
MJ 1969	Aug. 1968 bis Juli 1969	319 000 001 bis 319 264 032
MJ 1970	Aug. 1970 bis Juli 1971	310 2 000 001 bis 310 2 272 031
MJ 1971	Aug. 1971 bis Juli 1972	311 2 000 001 bis 311 2 234 224
MJ 1972	Aug. 1971 bis Juli 1972	312 2 000 001 bis 312 2 157 543
MJ 1973	Aug. 1972 bis Juli 1973	313 2 000 001 bis 313 2 055 189

In Osnabrück wurde die Produktion des Typ 34 im Jahr 1969 mit den 1969er Modellen eingestellt. Insgesamt wurden 42.498 Exemplare gebaut.

Die brasilianischen Typ 3 sind in der Tabelle mit den deutschen Fahrgestellnummern nicht enthalten. Die insgesamt 459.884 Exemplare teilen sich wie folgt auf:

- Viertürer Typ 103 (1969–1971): 24.475
- Zweitürer Typ 105 Variant (1970–1977): 256.760
- Zweitürer Typ 107 & Viertürer Typ 109 (1971–1977): 109.313
- Typ 30 Variant II (1977–1981): 41.002
- Karmann-Ghia Touring Coupé Typ 145 (1970–1975): 18.119
- Sportwagen SP-1 und SP-2, d. h. Typ 147 und 149 (1972–1975): 88 bzw. 10.117

Farbcode

Wenn ein Fahrzeug das Werk verließ, wurde ein kleiner Aufkleber mit dem Farbcode angebracht, anhand dessen die genau passende Farbe bestimmt werden konnte.

Glas

Glas kann manchmal auch ein Hinweis darauf sein, wo ein VW Typ 3 gebaut wurde. Allerdings ist in manchen CKD-Bausätzen auch Glas aus Deutsch-

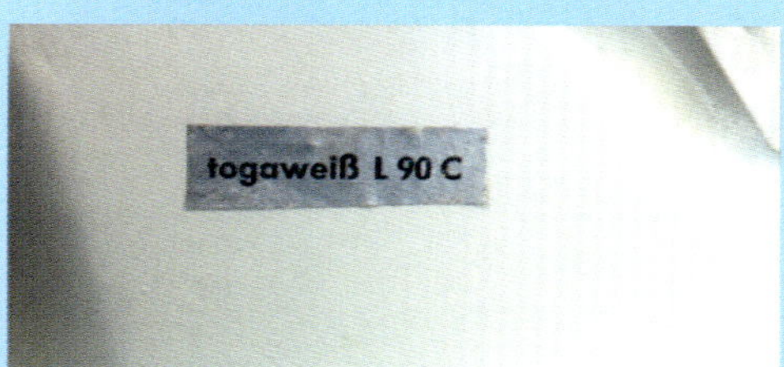

Oben: Ein australischer Farbcodeaufkleber. Darüber befindet sich die Karosserienummer, die es ausschließlich bei den in Australien hergestellten VW bis 1967 gab.

Unten: Farbcodeaufkleber in der Reserveradmulde des in Deutschland hergestellten Typ 3 für die Farbe „Togaweiß L90C".

Von oben nach unten: In Typ-3-Fahrzeugen aus Deutschland, Brasilien und Australien verbautes Glas.

land enthalten. Wenn ein Auto Scheiben aus deutschem Glas aufweist, heißt das daher nicht unbedingt, dass es auch in Deutschland montiert wurde.

Von oben nach unten: In Typ-3-Fahrzeugen aus Südafrika, Brasilien und Australien verbautes Glas.

Motoren des Typ 3

Die in Deutschland produzierten Typ-3-Fahrzeuge hatten einen Flachmotor im Heck. Im Gegensatz zu dem Motor im Käfer und Bulli, bei dem das Gebläse oben auf dem Motorblock montiert war und über einen Riemen von der Kurbelwellenscheibe angetrieben wurde, befand sich das Gebläse hier an der Rückseite des Motors und war direkt an die Kurbelwelle angeflanscht. Dadurch konnte der Motor sehr flach gebaut werden. Die ersten Modelle hatten einen Motor mit 1493 cm³ Hubraum (daher die Bezeichnung 1500) und einem einzelnen Querstromvergaser vom Typ Solex 32 PHN-1. Der 1500er-Motor mit einzelnem Vergaser war von 1961 bis 1973 für alle Modelle erhältlich. Ab 5. August 1963 bis 31. Juli 1964 konnte der VW 1500 in zwei Versionen bestellt werden: Parallel zum 1500N mit Einzelvergaser-Motor, boten die Wolfsburger die 54 PS starke Ausführung 1500S mit Zweivergaser-Anlage an (ab Fahrgestellnummer 0221975, ab Motornummer 0255001).

Eingestanzte Motornummer auf dem linken Teil des Kurbelgehäuses in der Nähe der Nahtstelle. Sowohl der U0- als auch der T0-Code stehen für 1600er Motoren.

Von August 1965 bis Juli 1973 erhielten auch die 1600er Modelle (1584 cm³) als Gemischaufbereitung zwei Fallstromvergaser vom Typ Solex 32 PDSIT. Außerdem gab es für die 1600er Motoren von Modelljahr 1968 bis 1973 optional auch das Einspritzsystem Bosch D-Jetronic. Welche Motoren in den verschiedenen Ländern auf den Markt kamen, hing jedoch davon ab, was der Generalimporteur bestellte. Daher war die D-Jetronic-Einspritzung in Australien nur für Fließheckmodelle von 1971 bis 1973 erhältlich, wohingegen in den USA alle Fließheck- und Kombimodelle (Typ 31 bzw. 36) von 1968 bis 1973 über eine Einspritzanlage verfügten. Die Schweiz ging führend voran, denn hier wurde die Kraftstoffeinspritzung für

Diese Abbildung zeigt, wie die drei grundlegenden Motorversionen aussehen.

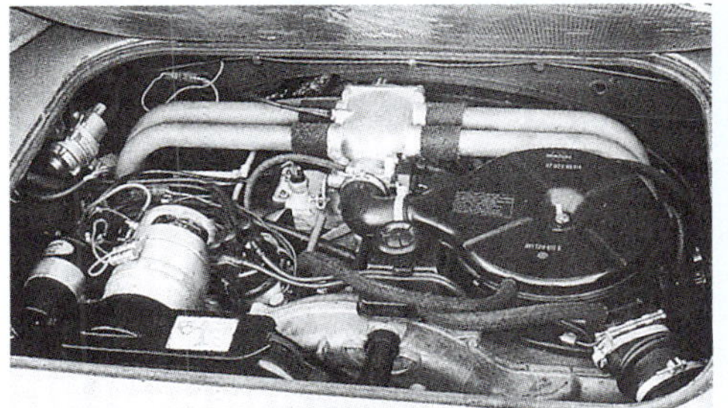

Von oben nach unten: 1500 mit Einzelvergaser, 1500S mit Zweivergaser-Anlage, 1600 mit Kraftstoffeinspritzung

Volkswagen Typ 3

K0	**45 PS**	**1500 Einfachvergaser, 08/65 bis 07/73**
M0	**40 PS**	**1500 Einfachvergaser (M 240), 08/65 bis 07/73**
N0	**51 PS**	**1500 Einfachvergaser (M 240), 08/65 bis 07/73**
P0	**50 PS**	**1600 Zweivergaser-Anlage (M 240), 08/65 bis 07/73**
R0	**54 PS**	**1500 Zweivergaser-Anlage (1500S), 08/63 bis 07/65**
T0	**54 PS**	**1600 Zweivergaser-Anlage, 08/65 bis 07/73**
U0	**54 PS**	**1600 Kraftstoffeinspritzung (M 236) 08/67 bis 07/73**
U5	**54 PS**	**1600 Kraftstoffeinspritzung (M 236, M 239), 08/71 bis 07/72**
X	**54 PS**	**1600 Kraftstoffeinspritzung (M 027, M 236, M 239, M 249), 08/71 bis 07/72**

Bei der VW-Option M 240 handelt es sich um einen Motor mit Kolbenmulden und geringerem Verdichtungsverhältnis, der Kraftstoff mit geringerer Oktanzahl nutzen kann. Diese Option wurde gewöhnlich für Märkte wie Nigeria und Äthiopien bestellt. M 239 ist eine besondere elektronische Steuerung und Verkabelung für US-Modelle, M 236 die D-Jetronic-Einspritzanlage von Bosch, M 249 ein Automatikgetriebe und M 027 eine besondere Emissionssteuerung für Fahrzeuge mit Automatikgetriebe in Kalifornien.

Hinweis: Gewöhnlich heißt es, dass Einspritzmotoren leistungsfähiger seien als Motoren mit Zweivergaser-Anlage, allerdings hat Volkswagen dieser Behauptung stets vorsichtig widersprochen. Sicherlich zeigen Einspritzmotoren ein besseres Ansprechverhalten und sind im kalten Zustand weniger anfällig für Aussetzer, allerdings sind sie aufgrund ihres komplizierten Aufbaus ungeeignet für die rauen Einsatzbedingungen in Entwicklungsländern.

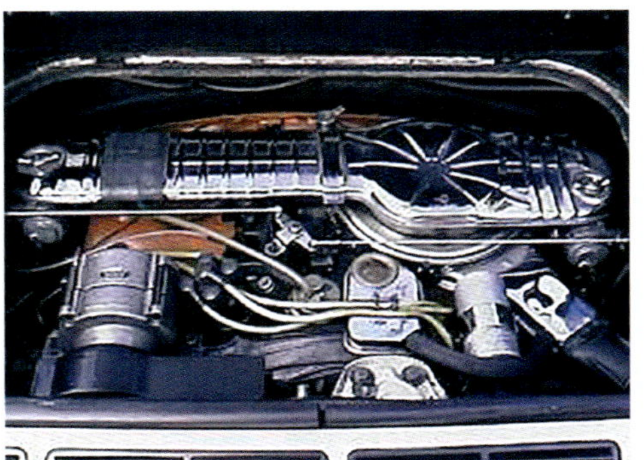

Oben: Flachmotor mit Zweivergaser-Anlage eines brasilianischen Typ 30

Mitte: Brasilianischer 1600er Flachmotor mit zwei Fallstromvergasern

Unten: 1600er Käfer-Motor mit stehendem Gebläse und Einzelvergaser im Typ 103

die Typen 31 und 36 schon im Modelljahr 1968 optional angeboten.

Die Motornummern waren zunächst lediglich laufende Nummern. Das änderte sich im Modelljahr 1966, als die 1600er Motoren der Produktpalette hinzugefügt wurden. Von April 1961 bis zum 31. Juli 1965 wurden daher die Motornummern 0 000 065 bis 1 029 303 vergeben, und zwar unabhängig davon, ob der Motor über einen oder zwei Vergaser verfügte (mit Ausnahme der Motoren mit einer R-Nummer). Vom 5. August 1963 bis 31. Juli 1965 gab es die 1500er Motoren als 45-PS-Version mit Einzelvergaser und als 1500S mit 54 PS Leistung dank Zweivergaser-Anlage. Vom 1. August 1965 bis zum Ende der Produktion des Typ 3 in Deutschland gab es die Motoren 1500 (einzelner Vergaser) und 1600 (Doppelvergaser und ab 1968 auch Kraftstoffeinspritzung). In Australien endete die Produktion im September 1973, aber die dort gefertigten Fahrzeuge hatten nur 1600er Motoren.

Die Tabelle (oben) zeigt die Motornummern, die vom 1. August 1965 an verwendet wurden, also für die Modelljahre 1966 bis 1973.

Der brasilianische Typ 103 hatte nur einen 1600er Käfermotor mit stehendem Vergaser als Einzelvergaser. Der 1500er Flachmotor mit Einzelvergaser war in Brasilien nie erhältlich. Alle anderen Fahrzeuge der Typen 105 bis 30 hatten 1600er Motoren mit Zweivergaser-Anlage ähnlich den deutschen, wobei es beim Typ 30 einige Verbesserungen gegenüber den deutschen Motoren dieser Art gab, z. B. hydraulische Ventilstößel. Die brasilianischen 1600er Flachmotoren mit Zweifachvergaser-Anlage hatten Wechselstrom- statt Gleichstromlichtmaschinen und ein geringeres Verdichtungsverhältnis von 7,2:1 im Gegensatz zu 7,8:1 bei den deutschen 1600ern (mit Ausnahme der Option M 240).

Modellcodes

Neben der Fahrgestellnummer und den Typbezeichnungen verwendet Volkswagen auch Modellcodes, die den grundlegenden Aufbau der Karosserie beschreiben, z. B. ob es sich um eine Fließheck- oder Stufenhecklimousine oder einen Kombi handelt, ob ein Schiebedach vorhanden ist, ob der Wagen eine einfache oder gehobene Innenausstattung hat und ob die hinteren Seitenfenster verblendet sind. Manchmal sind die Zuordnungen jedoch unlogisch. Beispielsweise gehören sowohl die Fließheck- als auch die Stufenhecklimousinen zum Typ 31. Der Unterschied wird in den Modellcodetabellen dadurch deutlich, dass ein Fließheckfahr-

TABLE OF MODELS

Model		Sales	Model	Engine		Manual-	Auto-	Optional Extras (M)		
LHD	RHD	code	Designation	kW	(bhp)	Transmiss.	matic	Engine	Transmiss.	Extras
			Sedan							
311	312	011	VW 1600 TL	33	45	X	–	M 003	–	–
313	314		VW 1600 TL with steel sliding roof	33	45	X	–	M 003	–	–
311	312	021	VW 1600 TL	40	54	X	–	–	–	–
313	314		VW 1600 TL with steel sliding roof	40	54	X	–	–	–	–
311	312	023	VW 1600 TL	40	54	–	X	–	M 249	–
313	314		VW 1600 TL with steel sliding roof	40	54	–	X	–	M 249	–
311	312	031	VW 1600 TL	40	54	X	–	M 236	–	–
313	314		VW 1600 TL with steel sliding roof	40	54	X	–	M 236	–	–
311	312	033	VW 1600 TL	40	54	–	X	M 236	M 249	–
313	314		VW 1600 TL with steel sliding roof	40	54	–	X	M 236	M 249	–
311	–	041	VW 1600 TL	40	54	X	–	M 157	–	–
313	–		VW 1600 TL with steel sliding roof	40	54	X	–	M 157	–	–
311	–	043	VW 1600 TL	40	54	–	X	M 157	M 249	–
313	–		VW 1600 TL with steel sliding roof	40	54	–	X	M 157	M 249	–
311	312	311	VW 1600 T	33	45	X	–	M 003	–	M 233
313	314		VW 1600 T with steel sliding roof	33	45	X	–	M 003	–	M 237
311	312	321	VW 1600 T	40	54	X	–	–	–	M 233
313	314		VW 1600 T with steel sliding roof	40	54	X	–	–	–	M 237
311	312	323	VW 1600 T	40	54	–	X	–	M 249	M 233
313	314		VW 1600 T with steel sliding roof	40	54	–	X	–	M 249	M 237
311	312	331	VW 1600 T	40	54	X	–	M 236	–	M 233
313	314		VW 1600 T with steel sliding roof	40	54	X	–	M 236	–	M 237
311	312	333	VW 1600 T	40	54	–	X	M 236	M 249	M 233
313	314		VW 1600 T with steel sliding roof	40	54	–	X	M 236	M 249	M 237
311	312	411	VW 1600 TA	33	45	X	–	M 003	–	M 233
313	314		VW 1600 TA with steel sliding roof	33	45	X	–	M 003	–	M 233
311	312	421	VW 1600 TA	40	54	X	–	–	–	M 233
313	314		VW 1600 TA with steel sliding roof	40	54	X	–	–	–	M 233
311	312	423	VW 1600 TA	40	54	–	X	–	M 249	M 233
313	314		VW 1600 TA with steel sliding roof	40	54	–	X	–	M 249	M 233

Type 3 E 95

Model		Sales	Model	Engine		Manual-	Auto-	Optional Extras (M)		
LHD	RHD	code	Designation	kW	(bhp)	Transmiss.	matic	Engine	Transmiss.	Extras
311	312	431	VW 1600 TA	40	54	X	–	M 236	–	M 233
313	314		VW 1600 TA with steel sliding roof	40	54	X	–	M 236	–	M 233
311	312	433	VW 1600 TA	40	54	–	X	M 236	M 249	M 233
313	314		VW 1600 TA with steel sliding roof	40	54	–	X	M 236	M 249	M 233
311	–	841	Custom Model	40	54	X	–	M 236	–	M 108
313	–		Custom Model with steel sliding roof	40	54	X	–	M 236	–	M 108
311	–	843	Custom Model	40	54	–	X	M 236	M 249	M 108
313	–		Custom Model with steel sliding roof	40	54	–	X	M 236	M 249	M 108
315	316	011	VW 1600 A	33	45	X	–	–	–	–
317	318		VW 1600 A with steel sliding roof	33	45	X	–	–	–	–
315	316	021	VW 1600 A	40	54	X	–	M 250	–	–
317	318		VW 1600 A with steel sliding roof	40	54	X	–	M 250	–	–
315	316	023	VW 1600 A	40	54	–	X	M 250	M 249	–
317	318		VW 1600 A with steel sliding roof	40	54	–	X	M 250	M 249	–
315	316	031	VW 1600 A	40	54	X	–	M 236	–	–
317	318		VW 1600 A with steel sliding roof	40	54	X	–	M 250	–	–
315	316	033	VW 1600 A	40	54	–	X	M 236	M 249	–
317	318		VW 1600 A with steel sliding roof	40	54	–	X	M 250	M 249	–
315	316	111	VW 1600 L	33	45	X	–	–	–	M 234
317	318		VW 1600 L with steel sliding roof	33	45	X	–	–	–	M 234
315	316	121	VW 1600 L	40	54	X	–	M 250	–	M 234
317	318		VW 1600 L with steel sliding roof	40	54	X	–	M 250	–	M 234
315	316	123	VW 1600 L	40	54	–	X	M 250	M 249	M 234
317	318		VW 1600 L with steel sliding roof	40	54	–	X	M 250	M 249	M 234
315	316	131	VW 1600 L	40	54	X	–	M 236	–	M 234
317	318		VW 1600 L with steel sliding roof	40	54	X	–	M 250	–	M 234
315	316	133	VW 1600 L	40	54	–	X	M 236	M 249	M 234
317	318		VW 1600 L with steel sliding roof	40	54	–	X	M 250	M 249	M 234
315	316	311	VW 1600	33	45	X	–	–	–	M 237
317	318		VW 1600 with steel sliding roof	33	45	X	–	–	–	M 237

96 Type 3 E

Model		Sales	Model	Engine		Manual-	Auto-	Optional Extras (M)		
LHD	RHD	code	Designation	kW	(bhp)	Transmiss.	matic	Engine	Transmiss.	Extras
315	316	321	VW 1600	40	54	X	–	M 250	–	M 237
317	318		VW 1600 with steel sliding roof	40	54	X	–	M 250	–	M 237
315	316	323	VW 1600	40	54	–	X	M 250	M 249	M 237
317	318		VW 1600 with steel sliding roof	40	54	–	X	M 250	M 249	M 237
315	316	331	VW 1600	40	54	X	–	M 236	–	M 237
317	318		VW 1600 with steel sliding roof	40	54	X	–	M 250	–	M 237
315	316	333	VW 1600	40	54	–	X	M 236	M 249	M 237
317	318		VW 1600 with steel sliding roof	40	54	–	X	M 250	M 249	M 237
			Variant							
361	362	011	VW Variant 1600 L	33	45	X	–	M 003	–	–
363	364		VW Variant 1600 L with steel sliding roof	33	45	X	–	M 003	–	–
361	362	021	VW Variant 1600 L	40	54	X	–	–	–	–
363	364		VW Variant 1600 L with steel sliding roof	40	54	X	–	–	–	–
361	362	023	VW Variant 1600 L	40	54	–	X	–	M 249	–
363	364		VW Variant 1600 L with steel sliding roof	40	54	–	X	–	M 249	–
361	362	031	VW Variant 1600 L	40	54	X	–	M 236	–	–
363	364		VW Variant 1600 L with steel sliding roof	40	54	X	–	M 236	–	–
361	362	033	VW Variant 1600 L	40	54	–	X	M 236	M 249	–
363	364		VW Variant 1600 L with steel sliding roof	40	54	–	X	M 236	M 249	–
361	–	041	VW Variant 1600 L	40	54	X	–	M 157	–	–
363	–		VW Variant 1600 L with steel sliding roof	40	54	X	–	M 157	–	–
361	–	043	VW Variant 1600 L	40	54	–	X	M 157	M 249	–
363	–		VW Variant 1600 L with steel sliding roof	40	54	–	X	M 157	M 249	–
361	–	841	Custom Model	40	54	X	–	M 236	–	M 108
363	–		Custom Model with steel sliding roof	40	54	X	–	M 236	–	M 108
361	–	843	Custom Model	40	54	–	X	M 236	M 249	M 108
363	–		Custom Model with steel sliding roof	40	54	–	X	M 236	M 249	M 108
365	366	011	VW Variant 1600 A	33	45	X	–	–	–	–
367	368		VW Variant 1600 A with steel sliding roof	33	45	X	–	–	–	–
365	366	021	VW Variant 1600 A	40	54	X	–	M 250	–	–
367	368		VW Variant 1600 A with steel sliding roof	40	54	X	–	M 250	–	–

Type 3 E 97

Model LHD	Model RHD	Sales code	Model Designation	Engine kW	Engine (bhp)	Manual-Transmiss.	Auto-matic	Optional Extras (M) Engine	Optional Extras (M) Transmiss.	Optional Extras (M) Extras
365	366	0 2 3	VW Variant 1600 A	40	54	–	X	M 250	M 249	–
367	368		VW Variant 1600 A with steel sliding roof	40	54	–	X	M 250	M 249	–
365	366	0 3 1	VW Variant 1600 A	40	54	X	–	M 236	–	–
367	368		VW Variant 1600 A with steel sliding roof	40	54	X	–	M 250	–	–
365	366	0 3 3	VW Variant 1600 A	40	54	–	X	M 236	M 249	–
367	368		VW Variant 1600 A with steel sliding roof	40	54	–	X	M 250	M 249	–
365	366	1 1 1	VW-Variant del. van	33	45	X	–	–	–	M 265
367	368		VW-Variant del. van with steel sliding roof	33	45	X	–	–	–	M 265
365	366	1 2 1	VW-Variant del. van	40	54	X	–	M 250	–	M 265
367	368		VW-Variant del. van with steel sliding roof	40	54	X	–	M 250	–	M 265
365	366	1 2 3	VW-Variant del. van	40	54	–	X	M 250	M 249	M 265
367	368		VW-Variant del. van with steel sliding roof	40	54	–	X	M 250	M 249	M 265
365	366	1 3 1	VW-Variant del. van	40	54	X	–	M 236	–	M 265
367	368		VW-Variant del. van with steel sliding roof	40	54	X	–	M 250	–	M 265
365	366	1 3 3	VW-Variant del. van	40	54	–	X	M 236	M 249	M 265
367	368		VW-Variant del. van with steel sliding roof	40	54	–	X	M 250	M 249	M 265
365	366	3 1 1	VW-Variant 1600	40	54	X	–	–	–	M 237
367	368		VW-Variant 1600 with steel sliding roof	40	54	X	–	–	–	M 237
365	366	3 2 1	VW-Variant 1600	40	54	X	–	M 250	–	M 237
367	368		VW-Variant 1600 with steel sliding roof	40	54	X	–	M 250	–	M 237
365	366	3 2 3	VW-Variant 1600	40	54	–	X	M 250	M 249	M 237
367	368		VW-Variant 1600 with steel sliding roof	40	54	–	X	M 250	M 249	M 237
365	366	3 3 1	VW-Variant 1600	40	54	X	–	M 236	–	M 237
367	368		VW-Variant 1600 with steel sliding roof	40	54	X	–	M 250	–	M 237
365	366	3 3 3	VW-Variant 1600	40	54	–	X	M 236	M 249	M 237
367	368		VW-Variant 1600 with steel sliding roof	40	54	–	X	M 250	M 249	M 237

Stiftung AutoMuseum Volkswagen
Schatzkammer der Marke

Zertifikat

Kunde/Customer: **Simon Glen**

Fahrzeug-Identifikations-Nr.: / Vehicle Ident. Nr.: 369 017 328

Modell/Model: 362 021, VW Squareback 1600 L *

Motor/Engine: T: 54 DIN-PS, 1.6 litre

Farbe/Colour: L 90 C Toga White
Upholstery leatherette Gala Red **

Gebaut am/Built on: 28 August 1968

Ausgeliefert ab Werk am: / Left factory on: 5 September 1968

Bestimmungsort: / Country of destination: Zambia-Beira

Extras/Options:
M 020 Mph speedometer
M 050 Dual-circuit brake warning light
M 089 Laminated windscreen
M 103 Heavy duty shock absorbers
M 187 Headlamps for left-hand traffic
M 197 Battery 12 volt, 45 Ah
S 789 cannot be identified

Datum/Date: 2016-12-09 R. Hendel H. Fendler

* right hand drive, ** wheel disc and wheel rim L 43 Grey Black

„Geburtsurkunde" für einen VW Typ 36 Variant von 1968. Da Sambia ein Binnenland ist, wurde das Fahrzeug zur Lieferung an Central African Motors im sambischen Kitwe erst zum Hafen Beira in Mosambik und dann mit der Bahn und auf der Straße transportiert.

zeug immer eine T- oder TL-Karosserie hat. Verwirrenderweise sind auch manche 1600er Modelle mit 1500er Motoren ausgestattet, da sie zur VW-Option M 003 gehören.

Geburtsurkunde

Wenn VW-Besitzer in den vergangenen Jahren einen Nachweis über den Auslieferungszustand oder Information über Produktionsdetails ihres Fahrzeugs benötigten, konnte ihnen bei Volkswagen Heritage und der Stiftung AutoMuseum Volkswagen weitergeholfen werden. Neuerdings ist die Abteilung Volkswagen Classic Parts für diese Art der Recherche zuständig. Dabei spielte es keine Rolle, ob der Volkswagen aus dem Baujahr 1949, 1989 oder 2004 stammt. Dank dem Zugriff auf Millionen von Datensätzen aus den werkseigenen Archiven, in denen Informationen über nahezu alle jemals produzierten VW-Fahrzeuge auf Wagenstammkarten, Lochkarten, Mikrofilmen oder in digitaler Form gespeichert sind, können Recherchen zum eigenen Fahrzeug sehr einfach durchgeführt werden. Dieser Service ist nicht nur für Old- und Youngtimer verfügbar, sondern auch für aktuellere Modelle, deren Erstzulassung mindestens 15 Jahre zurückliegt.

Für rund 100 Euro bekommt man nach ungefähr drei Wochen Bearbeitungszeit ein Volkswagen Zertifikat und ein Volkswagen Datenblatt, mit allen relevanten Information rund um den eigenen Klassiker. Nähere Informationen dazu unter:

https://www.volkswagen-classic-parts.de/volkswagen-zertifikate.html#products

Die nebenstehende Abbildung zeigt die Identitätsurkunde für den VW Typ 36 Variant des Autors, der als Neuwagen in Papua-Neuguinea verkauft wurde. Bei der Option 20 handelt es sich übrigens um einen Tacho in Meilen, bei Option 187 um Scheinwerfer für Linksverkehr und bei Option 552 um „Exportmärkte ohne Kraftstoffvorwärmung", die in Neuguinea nicht gebraucht wird.

Produktionszahlen

Es war ziemlich schwierig, genaue Angaben über die Anzahl der produzierten Volkswagen Typ 3 zu finden. Außerdem wurde die Montage des Typ 3 in Deutschland während der letzten Produktionsmonate nach Emden verlegt und dort praktisch im CKD-Verfahren bis Juni 1973 fortgesetzt, während das Werk in Wolfsburg für die Herstellung des Passat umgerüstet wurde.

Die Anzahl der Fahrzeuge vom Typ 3, die von 1961 bis 1973 in Wolfsburg gebaut und in Auckland, Dublin, Melbourne, Osnabrück und Uitenhagen hergestellt oder endmontiert wurden, beläuft sich auf insgesamt 2.587.981 Stück, also fast 2,6 Millionen. Die Produktionszahlen all dieser Standorte sind hier zusammengefasst, da alle Autos aus diesen Werken die kontinuierlichen Fahrgestellnummern der Wolfsburger Produktion hatten. (In Dublin wurden wahrscheinlich weniger als 100 Exemplare aus CKD (Completely Knocked Down)-Sätzen montiert.)

Für die in Brasilien hergestellten Fahrzeuge wurde ein ganz anderes System von Fahrgestellnummern verwendet. Von 1968 bis 1981 entstanden in Brasilien insgesamt 459.964 Fahrzeuge der Typen 103, 105, 107, 109, 145,149 und 30. Bis auf den Typ 30 basierten alle auf dem Chassis des Typs 14, nicht des Typ 3. Für den Typ 30 (den Variant II) wurde dagegen ein stark modifiziertes Typ-3-Chassis verwendet. Dennoch wiesen all diese Modelle sehr viele Merkmale des Typ 3 auf. (In den Zahlen für Brasilien sind die Brasilias und die Karman-Ghia des Typ I nicht enthalten, die ein Typ-14-Chassis und den Käfermotor mit stehendem Gebläse aufwiesen und keine Charakteristika des Typ 3 zeigten.)

Wenn wir die brasilianischen 459.964 Exemplare zu den 2.587.981 in den anderen Werken gebauten Fahrzeugen addieren, erhalten wir insgesamt 3.047.945 Autos vom Typ 3. Das entspricht der gerundeten offiziellen Angabe der Volkswagen AG von insgesamt 3.050.000 Exemplaren, in der die brasilianischen Wagen offensichtlich eingerechnet sind.[1]

Dieses Zahlen verteilen sich wie im Folgenden dargestellt. Dabei wurden die Produktionszahlen für Wolfsburg, Emden, Dublin, Auckland, Osnabrück, Melbourne und Uitenhagen zusammengefasst. Die Jahressummen wurden aufgrund der ausgegebenen Fahrgestellnummern ermittelt.

In den Werten für die deutschen Fahrgestellnummern ist auch eine mir unbekannte Anzahl von einigen Hundert Fahrzeugen enthalten, die in Dublin und Auckland gefertigt wurden.

Die jährlichen Stückzahlen für die Autos mit deutschen Fahrgestellnummern verteilen sich wie folgt:

- 1.202.935 Variant (Typ 36)
- 42.498 Karmann-Ghia Typ 34
- 38.363 in Südafrika produzierte Fahrzeuge
- 55.000 in Australien produzierte Fahrzeuge

Die Zahlen stammen aus folgenden Quellen:

- Veröffentlichungen der Stiftung Auto-Museum Volkswagen, Wolfsburg
- Davies, R & L (2004), *Volkswagen in Australia*, AF Publications: Melbourne (eine offizielle, von Volkswagen of Australia gesponserte Publikation)
- Phil Matthews, Club VeeDub, Sydney, *http://www.clubvw.org.au/history*
- Long, D & Matthews, P. (1993), *Knowing Australian Volkswagens*, Bookworks: Sydney
- VW of South Africa (1991), *Volkswagen of South Africa: Historical Milestones*, Uitenhage (eine offizielle Publikation von VW of SA)
- VW of SA (1997), *Company Profile*, Volkswagen of South Africa (Pty) Ltd, Uitenhage
- (1970), Type 3 Age Finder, *International Vintage Volkswagen Magazine*, London
- *A Bananinha*, Ausgaben 1997–2005, Fusca Clube do Brasil, São Paulo
- Dave Hall, Type 3 & Type 4 Club, *http://www.vwtype3and4club.org.uk*
- John Lemon, East London, South Africa
- Lee Hedges, Type34 World, Los Angeles, USA. *http://www.t34world.org*
- The Samba, USA. *http://www.thesamba.com/vw/*
- José Antonio Silveira, Rio de Janeiro, Brasilien
- Geraldo Telles, São Paulo, Brasilien

In wenigen Fällen gibt es Uneinigkeiten über kleinere Zahlen, etwa beim Karmann-Ghia Typ 34, und über die Frage, ob bei einigen Modellen die Prototypen mitgerechnet wurden. Es ist auch fraglich, ob die zwölf von Karmann gebauten Cabrios Typ 35 in den Zahlen berücksichtigt wurden. Vor allem für Australien

1959	**1**	
1960	**12**	**1959 und 1960 wurden 13 Vorproduktionsexemplare gebaut.**
1961	**10.663**	
1962	**127.324**	
1963	**181.809**	
1964	**262.020**	
1965	**261.915**	
1966	**311.693**	
1967	**201.772**	
1968	**244.427**	
1969	**267.358**	
1970	**272.031**	
1971	**234.224**	
1972	**157.543**	
1973	**55.189**	**Die Produktion endete in Deutschland im Juni 1973, in Australien im September 1973.**
Summe 1959–1973	**2.587.981**	
Brasilien 1968–1981	**459.884**	
Gesamtzahl	**3.047.865**	

1. Die Volkswagen AG hat diese Zahl im März 1987 veröffentlicht, siehe Chris Barber, „More on that 50 million“, *Volkswagen Audi Car*, Autometrix Publications, Toddington, UK, Juni 1987, S. 7.

lassen sich nur schwer genaue Zahlen angeben, da manche Statistiken alle VW 1600 umfassen, worin die 1600er Käfer, die 1600er Typ 3 und manchmal auch die 1600er Bullis enthalten sind, was sich so gut wie gar nicht genauer aufschlüsseln lässt. Besonderer Dank für seine Hilfe gebührt hier Phil Matthews.[2]

Das meistgebaute der drei deutschen Typ-3-Modelle war der Typ 36 Variant mit ca. 1.202.935 Exemplaren. Unter den brasilianischen Fahrzeugen war der Typ 105 bei weitem der beliebteste: Von ihm wurden 256.760 Stück gebaut, die 41.002 Exemplare des Typ 30 nicht inbegriffen.

Im internationalen Vergleich sind die Produktionszahlen sind weg eindrucksvoll, vor allem im Vergleich mit denen anderer legendärer und lang gebauter Autos:

- Morris Minor: 1.368.291 (23 Jahre, 1948–1971)
- BMC/Leyland/Rover Mini: 5.387.862 (41 Jahre, 1959–2000)
- Citroën 2CV: 3.872.583 (42 Jahre, 1948–1990)
- Jaguar Mark 2: 91.210 (8 Jahre, 1959–1967)
- Porsche 356A, 356B und 356C: 76.313 (7 Jahre, 1948–1965)
- Volvo 120 Amazon: 444.000 (15 Jahre, 1956–1970).

Die deutsche Produktion endete im Juni 1973 in Emden. Der letzte in Deutschland hergestellte Typ 3, ein Variant, ist im Museum in Wolfsburg ausgestellt.

Einer der ersten Typ 3 Variant von 1961 aus dem Wolfsburger Werk

2. Matthews, P., „Australian VW Sales", *Zeitschrift*, Club Veedub, Sydney, September 2007, S. 21–25. *http://www.clubvw.org.au/assets/pdf/Zeitschrift/2007/2007-09_September.pdf*

Kapitel 4
Optionale Ausstattung

Volkswagen-Importeure und -Großhändler müssen bei ihren Bestellungen die richtigen Spezifikationen für das Einfuhrland angeben, damit die Fahrzeuge die örtlichen gesetzlichen Vorschriften erfüllen. Das betrifft z. B. Rechts- und Linkslenkung, den Abgasausstoß, die Art der Sicherheitsgurte usw.

Zu der Zeit, in der der Typ 3 hergestellt und verkauft wurde, waren die Vorschriften noch lange nicht so kompliziert wie heute. Beispielsweise muss jedes in Brasilien verkaufte Auto über mindestens zwei Airbags, ABS-Bremsen, Fahrdynamikregelung usw. verfügen. In den USA sind die Vorschriften noch ausführlicher, und das war schon so, als Fahrzeuge vom Typ 3 importiert wurden. Beispielsweise mussten ab Januar 1968 alle in den USA verkauften Fahrzeuge Kopfstützen an den Vordersitzen haben. Dem entsprach die VW-Option M 258.

Es gibt sogar Optionen für Vorschriften in einzelnen Bundesstaaten der USA. Beispielsweise handelte es sich bei M 236 um einen besonderen Motor mit der D-Jetronic-Einspritzanlage von Bosch, der die kalifornischen Abgasvorschriften erfüllte. Diese Option wurde nur bei Neuwagen in Kalifornien verkauft.

Bei diesen Optionen – ob gesetzlich vorgeschrieben oder auf Kundenwunsch bestellt – handelte es sich nicht um nachrüstbare Zubehörteile. Die meisten – wenn nicht gar alle – mussten im Werk in das Fahrzeug eingebaut werden, z. B. das Stahlschiebedach, das Sperrdifferenzial, die beheizbare Heckscheibe oder Velours-Sitzbezüge. Manche Optionen wurden vom Importeur/Großhändler im Rahmen des von ihm vermarkteten Fahrzeugpakets geordert, aber es gab auch Optionen, die auf Kundenwunsch bestellt werden konnten und gewöhnlich nicht in den Fahrzeugen im Ausstellungsraum enthalten waren.

Viele Kunden wussten jedoch nichts von diesen Optionen und begnügten sich deshalb mit dem Standard. Manchmal wussten auch die örtlichen Autohändler nichts davon oder bestritten die Existenz dieser Optionen.

Es gab auch Berichte, in denen Händler ihren Kunden ganz bestimmte Sonderausstattungsoptionen verwehrten, mit dem Hinweis, dass diese nicht für das jeweilige Heimatland lieferbar wären. Eine Aussage, die nachweislich nicht stimmte. Dabei drängt sich natürlich der Verdacht auf, dass viele Händler die Strategie verfolgten, zunächst einmal Fahrzeuge aus ihrem eigenen Bestand verkaufen zu wollen, anstatt Sonderbestellungen aufzugeben.

Für die in Deutschland gefertigten Typ-3-Modelle gab es zahlreiche M-Optionen (siehe folgende Tabelle). Unter einer M-Ausstattung versteht man die damals bei einem Neufahrzeug lieferbare Sonderausstattung (Mehrausstattung), eine besondere Ausführung oder auch eine Minderausstattung (z. B. kleinere Motorversion oder Auslieferung mit lediglich grundierter Karosserie).

M 003	Motor 1500 mit Einzelvergaser anstelle Zweivergaser-Anlage
M 012	Abgaswarnung
M 014	Schriftzug „Volkswagen“ am Heck statt „1500“ oder „1600“
M 018	Warnblinkanlage (Fgst.-Nr. 318 000 001 bis 318 500 000)
M 019	Ohne Lichthupe (Fgst.-Nr. 318 000 001 bis 318 500 000)
M 022	Sealed-Beam-Scheinwerfer (USA)
M 020	Geschwindigkeitsmesser mit Meilenzählung
M 025	Tageskilometerzähler und Uhr
M 026	Aktivkohlebehälter zur Aufnahme von Kraftstoffdämpfen

M 027	Automatikgurte (Beckengurt mit Aufrollvorrichtung)
M 027	Abgasregulierung (USA ab MJ 1972)
M 030	Lichthupe mit gleichzeitiger Nummernschildbeleuchtung (Österreich)
M 032	Abschließbarer Tankdeckel
M 034	Starktonhorn und weiße Fahrtrichtungsanzeiger vorn (Italien)
M 037	Ohne Warnblinkanlage (Frankreich, Italien)
M 046	Seitlich montierte Fahrtrichtungsanzeiger (Italien, Norwegen, Dänemark, Israel)
M 047	Auf der Stoßstange montierter Rückfahrscheinwerfer (bis Juli 1969)

M 049	Bremsenverschleißanzeige
M 050	Zweikreis-Bremskontrollleuchte
M 053	Textilpolster statt Kunstleder
M 054	Abschließbares Handschuhfach (Schalttafelkastendeckel)
M 060	Eberspächer-Heizung
M 062	Konvexer Außenspiegel rechts; kleinerer Wasserbehälter mit zusätzlichem Luftentnahmeschlauch; geändertes Endrohr
M 072	Motor 1600 mit Zweivergaser-Anlage (1969–1973)
M 074	Schmutzfänger hinten (ab August 1971)
M 075	Halterung für Warndreieck
M 082	Halterung für Verbandskasten

M 086	Selbstnachstellende Trommelbremsen
M 089	Schichtglas-Windschutzscheibe
M 092	Gebirgsgang: Kronrad und Ritzel mit geringerer Endantriebsübersetzung
M 093	Ausstellbare hintere Seitenfenster
M 102	Heizbare Heckscheibe
M 103	Verstärkte (Schwerlast-)Stoßdämpfer und Motorschutzgitter
M 103	Größere Reflektoren
M 104	Armaturenbrettbeleuchtung mit Helligkeitsregler
M 105	Härtere Gummilager für die Getriebehalter
M 106	Strapazierfähige Polster für Deutsche Post
M 108	Fließheck in einfacher Ausführung für die USA, 1973
M 119	Eberspächer-Standheizung mit Kraftstoffvorwärmung
M 121	Frischluftgebläse im Armaturenbrett
M 123	Funkentstörung
M 124	Gelbe Scheinwerfer (Frankreich und ehem. Franz. Kolonien in Afrika und Ozeanien)
M 139	Zweikreis-Trommelbremsanlage (USA, Kanada)
M 156	Großer Luftfilter für Motor 1500 mit Einzelvergaser
M 157	Abgasregulierung (USA, Kanada)
M 163	Lackierte Stoßstangen und Radkappen
M 169	Beleuchtetes Handschuhfach
M 184	Dreipunkt-Sicherheitsgurte f. Vordersitzen
M 185	Dreipunkt-Sicherheitsgurte f. Vordersitzen, Beckengurte hinten (USA, Kanada)
M 186	Beckengurte hinten
M 187	Asymmetrisches Abblendlicht für Länder mit Linksverkehr
M 188	Tropenversion
M 190	Verstärkte Türen
M 193	Einhaltung japanischer Abgasvorschriften
M 206	Abblendbarer Innenspiegel
M 208	Elektroanschluss für Anhängerkupplung
M 220	Sperrdifferenzial
M 229	Kaltstartausrüstung
M 233	VW 1600 TL mit vereinfachter Spezifikation (z. B. VW 1600 T)
M 234	Chromteile und Innenausstattung wie L-Modell
M 236	Einspritzanlage (D-Jetronic)
M 237	Mehrausstattung (Zierleisten, Zeituhr, Stoßstangenhörner, Zierringe, etc.)aus L-Modell
M 239	Sealed-Beam-Scheinwerfer, rote Rückleuchten, Rückf.-Scheinwerfer, Fahrtrichtungsanzeiger mit Begrenzungslichtern, Zweikreis-Bremskontrollleuchte; ohne Lichthupe und Parkleuchte
M 240	Gering verdichtender Motor mit Muldenkolben
M 242	Wie M 239, aber für MJ 1968 (USA)
M 244	Getönte Heckscheibe
M 245	Vereinfachte Wärmetauscher ohne Isolierung
M 246	Eberspächer-Heizung (ab 1966)
M 248	Zündschloss ohne Lenkradsperre
M 249	Motor mit Zweifachvergaser u. flachen Kolbenböden (bis 07/1966)
M 249	Automatikgetriebe (ab 08/1967)
M 250	Zweifach- statt Einzelvergaser (1966 bis 1968)
M 251	Weißwandreifen
M 258	erhöhte Vordersitzlehnen (Kopfstützen)
M 259	Montagepunkte für Beckengurte
M 260	Rücksitz ohne mittlere Armlehne
M 261	Außenspiegel auf der Beifahrerseite bei N-Serienmodellen
M 263	Schwerlastfederung hinten: Pendelachsen, größere Stoßdämpfer (ab August 1967)
M 264	Lieferwagen (Metallplatten anstatt mittlere und hintere Seitenfenstern aus Glas; Rücksitzbank)
M 265	Wie M 264, aber mit eingeschweißter Trennwand hinter den Vordersitzen, ohne Rücksitz
M 267	Zusatzfeder für Pendelachse hinten (nur Typ 36)
M 272	Größere Heckreflektoren (Schweden, bis 07/1966)
M 273	Sealed-Beam-Scheinwerfer, rote Rückleuchten, keine Lichthupe (USA)
M 274	Sealed-Beam-Scheinwerfer, rote Rückleuchten, keine Lichthupe für Typ 34
M 278	Seitliche Fahrtrichtungsanzeiger statt Parklicht (Italien, Österreich, Dänemark, Finnland)
M 281	Gelbe Scheinwerfer und besondere Reflektoren (Algerien, Marokko, Frankreich)
M 282	Sonnenblende mit Spiegel
M 285	88-Ah-Batterie für 6-V-Fahrzeuge
M 286	Hintere Stoßstange mit Vertiefung für das Nummernschild (Italien)

M 289	Abreißbolzen für die Lenksäule (Dänemark)
M 290	Schmutzfänger hinten (bis einschließlich MJ 1969)
M 297	Sealed-Beam-Scheinwerfer, rote Rückleuchten, keine Lichthupe und keine Parklichter
M 299	Arretierung für Rückenlehne Rücksitzbank(ab 1972)
M 425	Heckscheibe mit Scheibenwischer und Scheibenwaschanlage
M 527	Abgasreinigung (ab MJ 1971)
M 528	Konvexer Außenspiegel (rechts)
M 551	Halogenscheinwerfer
M 557	Zeitschalter für Eberspächer-Heizung
M 562	Liegesitzmechanismus (ab 05/1972)
M 571	Nebelschlussleuchte
M 594	Geänderte Scheibenbremsanlage vorne mit verstärkten Scheiben (ab MJ 1972)
M 602	Luxusausführung (Typ 34) mit Warnblinker und Zweikreis-Bremskontrolleuchte
M 616	Rückfahrscheinwerfer (ab MJ 1970)
M 617	Kleinerer Wasserbehälter für Scheibenwaschanlage
M 630	12-V-Anlage für Modelle vor MJ 1967
M 633	12-V-Anlage mit Überspannungsschutz
M 634	12-Volt-Blaulicht für Polizeifahrzeuge
M 652	Scheibenwischer mit Intervallschaltung
M 659	Halogen-Nebelscheinwerfer
M 976	Sportfelgen

Die folgenden Abbildungen zeigen nur eine Auswahl der vielen M-Optionen, die es für in Deutschland gefertigte Typ-3-Fahrzeuge gab.

Weißwandreifen, M 251

Beim M 027 handelt es sich um eine Art von Automatikgurt, den es schon bei den ersten Fahrzeugen vom Typ 3 gab.

Von oben nach unten: Schmutzfänger hinten, M 290; Vordersitze mit hoher Rückenlehne, M 258; ZF-Sperrdifferenzial, M 220

Klimaanlage unter dem Armaturenbrett, M 573

Ölwannenschutzleisten

Eberspächer-Benzinheizung, M 246

Motor mit Einzelvergaser, M 003

Motor mit Bosch-Einspritzanlage D-Jetronic, M 236

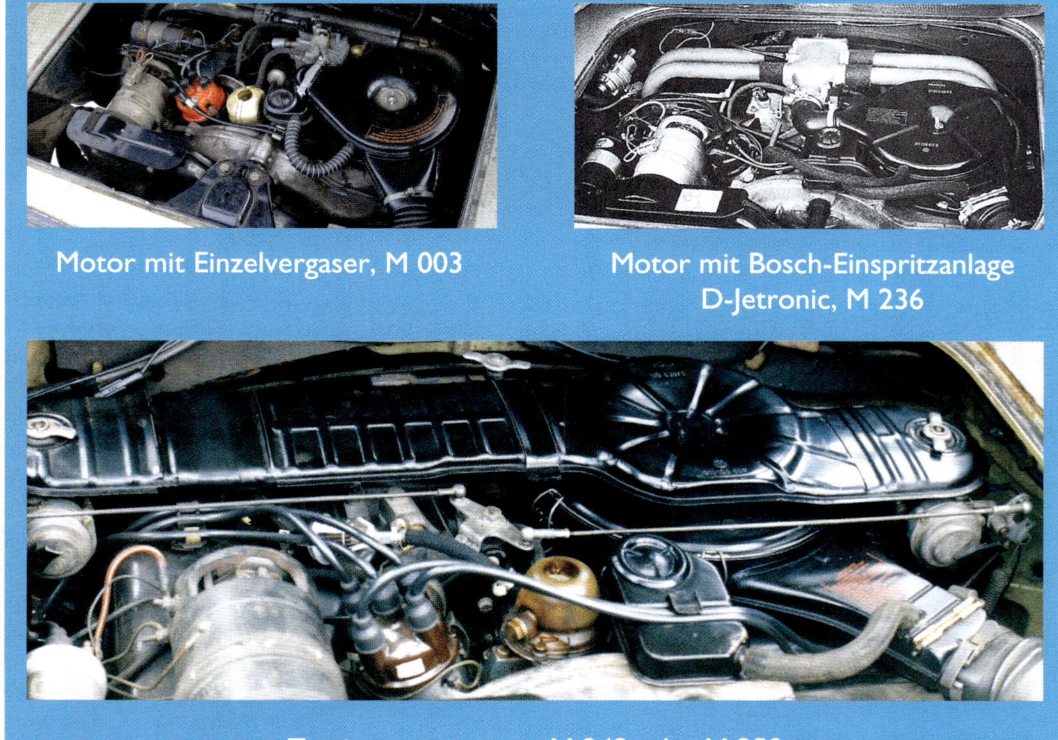

Zweivergasermotor, M 249 oder M 250

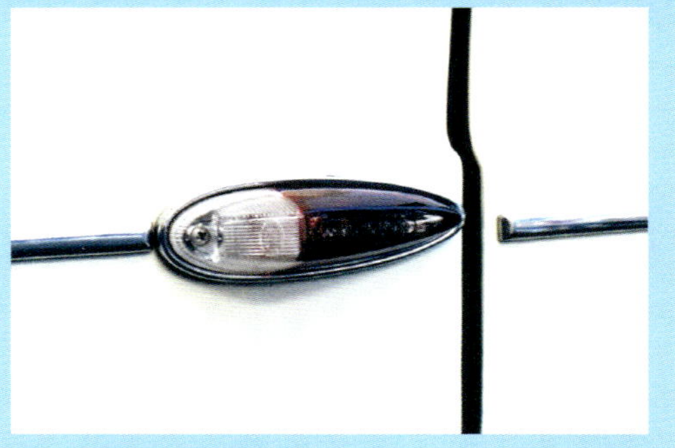

Von oben nach unten: Drei verschiedene Begrenzungsleuchten als kombinierte Parkleuchten und Fahrrichtungsanzeiger – die Parkleuchte wird eingeschaltet, wenn der Schlüssel bei eingelegtem Blinkerhebel abgezogen wird; abblendbarer Innenspiegel, M 206; Automatikgetriebe, M 249.

Heizbare Heckscheibe (M 102) in einem Karmann-Ghia Typ 34

Tageskilometerzähler, M 025

M 264
M 265
VW-Variant N as Delivery Van

Bei der Kastenwagenausführung des VW Typ 3 handelt es sich um einen Variant Typ 36 mit der Option M 264 oder 265 sowie gewöhnlich auch M 263 (verstärkte Pendelachsfederung hinten). Dieses Modell konnte noch mit anderen Optionen bestellt werden, z. B. Kraftstoffeinspritzung, Kopfstützen vorn, Sperrdifferenzial, Chromzierleisten usw.

Das Stahlschiebedach ist keine M-Option. Es konnte zwar wie eine solche bestellt werden, gilt aber als eine komplett andere Karosserie und wird daher durch eine Modellbezeichnung angegeben (siehe Kapitel 3). Beispielsweise ist ein Fließheckfahrzeug vom Typ 1600 TL mit Schiebedach ein Modell 313 (Linkslenker) oder 314 (Rechtslenker) im Gegensatz zu den Modellen 311 bzw. 312 ohne Schiebedach. Die Abbildung zeigt das Schiebedach auf einem Variant Typ 36-362.

Kapitel 5
Zubehör

Es gibt eine Unmenge von *Original-Volkswagen-Zubehör* für den VW Typ 3 (und eine noch viel größere Menge von Zubehör, das nicht von VW stammt). Diese Teile werden nicht ab Werk eingebaut, sondern können vom Händler oder vom Kunden nachgerüstet werden. Die folgenden Beispiele stellen nur eine kleine Auswahl dar.

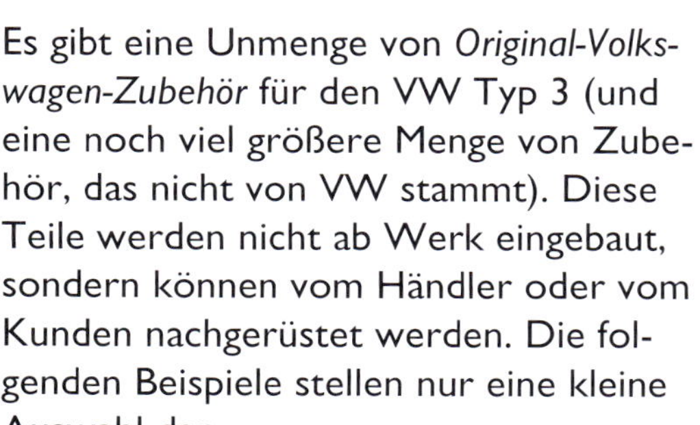

Drehzahlmesser

Felgenzierringe

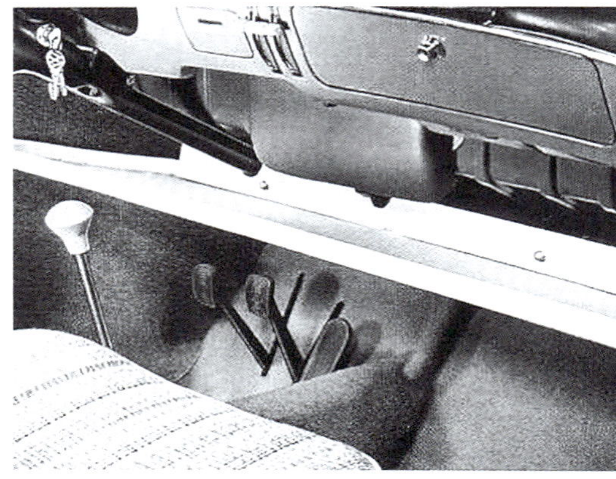

Ablage unter dem Armaturenbrett

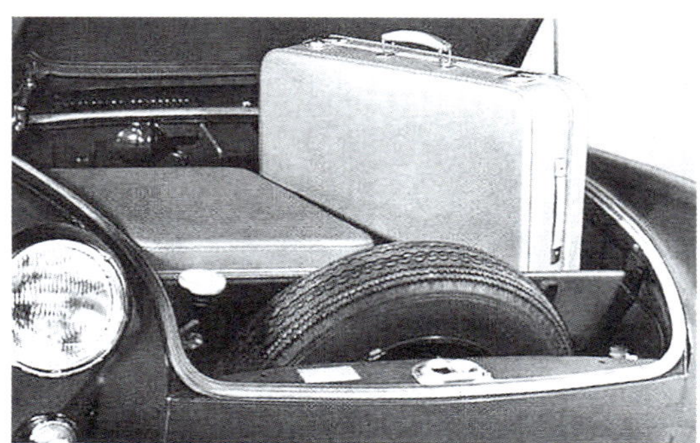

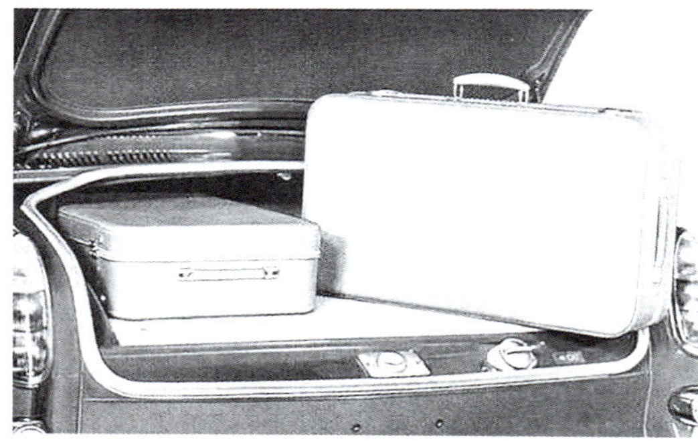

Vierteiliges Kofferset

Rückfahrscheinwerfer

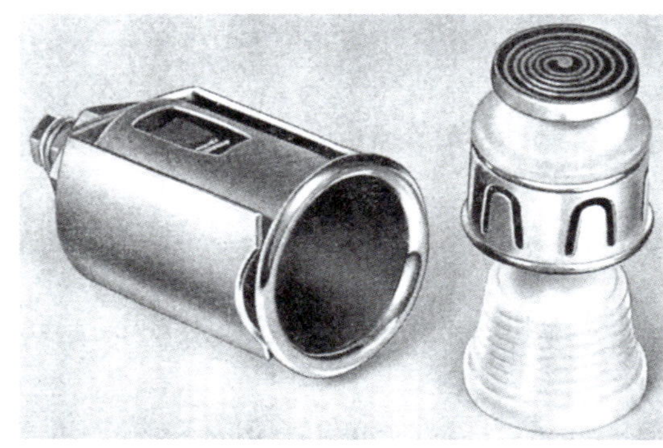

Zigarettenanzünder

Hazet-Werkzeugsatz; passt in das Reserverad

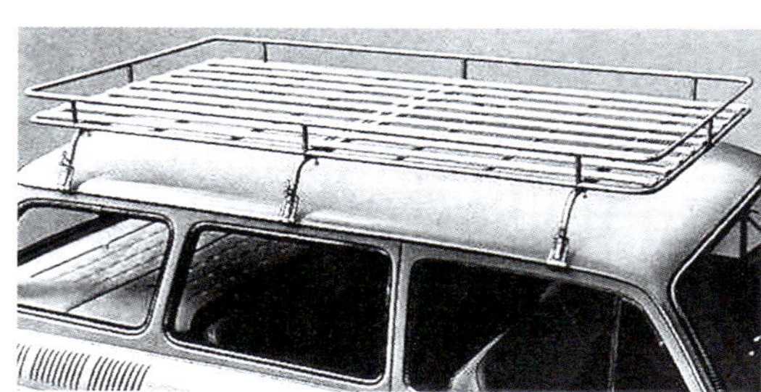

Dachgepäckträger

Nebelscheinwerfer

Windabweiser für Vordertüren

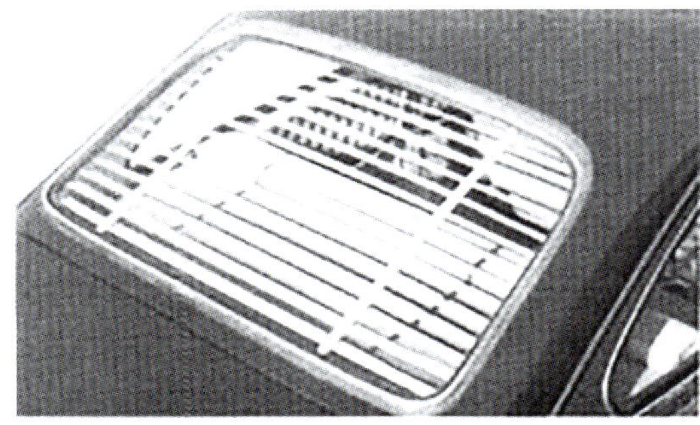

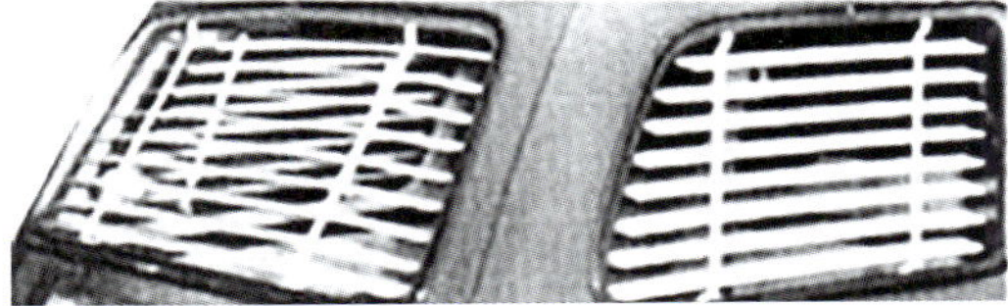

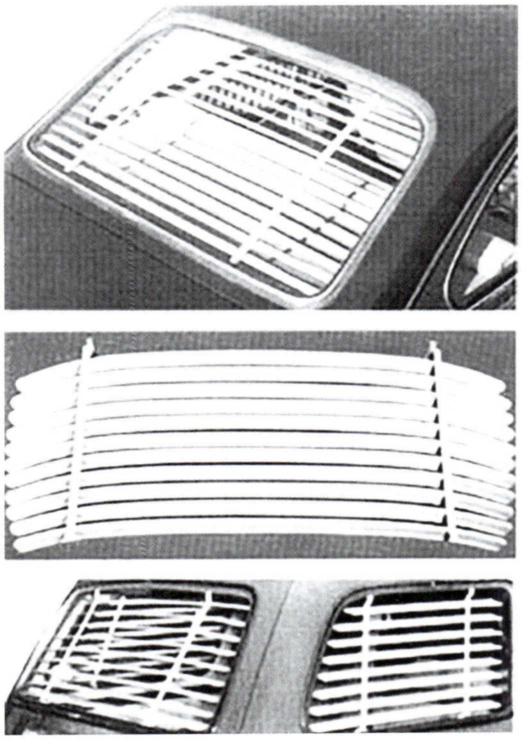

Jalousien

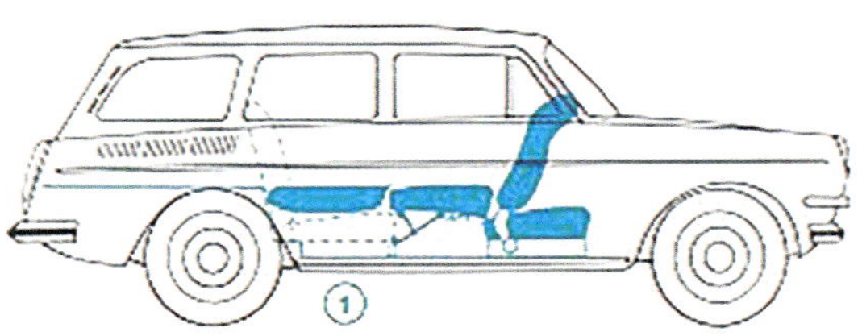

Als bequeme Schlafgelegenheit umklappbare Rückbank für den Variant

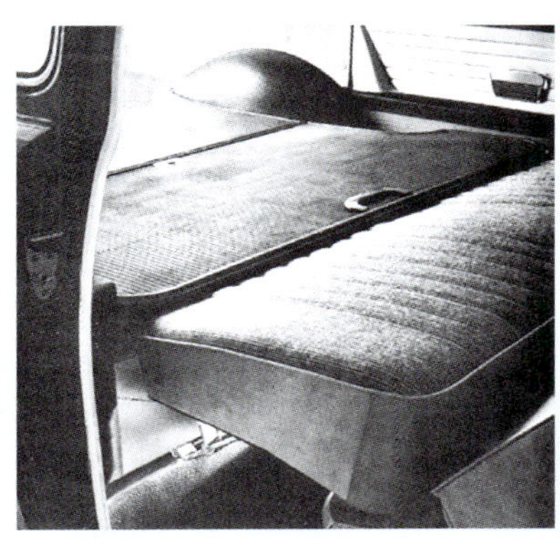

Eine US-Kombiversion („Squareback“) von 1973 mit vielen Zubehörteilen (Foto: Carlos Sanchez/Typ3nut)

**So ist der VW Variant noch praktischer.
Für's Geschäft und für die Familie.**

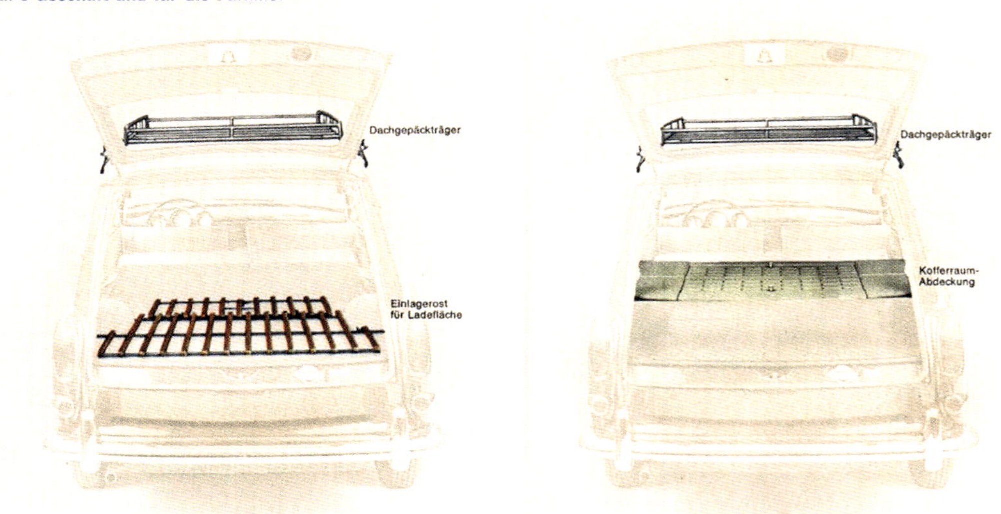

Praktisches Zubehör für einen Typ 36 Variant

Die Großhändler in den verschiedenen Ländern hatten jeweils ihre eigenen Listen von Zubehörteilen. So wurde die „Ölwannenheizung“ in Australien, Brasilien und Südafrika niemals angeboten. Die folgenden Beispiele zeigen einige der offiziellen australischen VW-Zubehörteile.

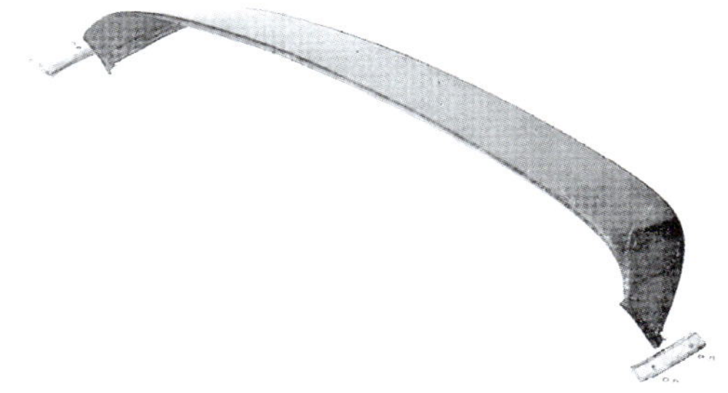

Sonnenblende

Volkswagen Accessories

1 Golden Miler Snow Tire
2 Steering Wheel Cover
3 Tool Kit
4 Collapsible Roof Rack
5 Trailer Hitch
6 Ski Rack, Roof Type
7 Tow Rope
8 Fog Light
9 Engine Sump Heater
10 Rubber Floor Mats
11 Door Handle Shields
12 Vent Shades
13 License Plate Frame
14 "Sapphire" Radio
15 Coco Mats
16 Underdash Shelf
17 Polish
18 Liquid Wax
19 Cigarette Lighter
20 Sport Gearshift Knob
21 Paint Spray Can
22 Chrome Cleaner
23 Touch-Up Sticks
24 Mud Flaps with brackets

Auszug aus einer kanadischen Zubehörbroschüre für den VW Typ 3. Es gibt hier sogar eine „Ölwannenheizung“ (Nr. 9).

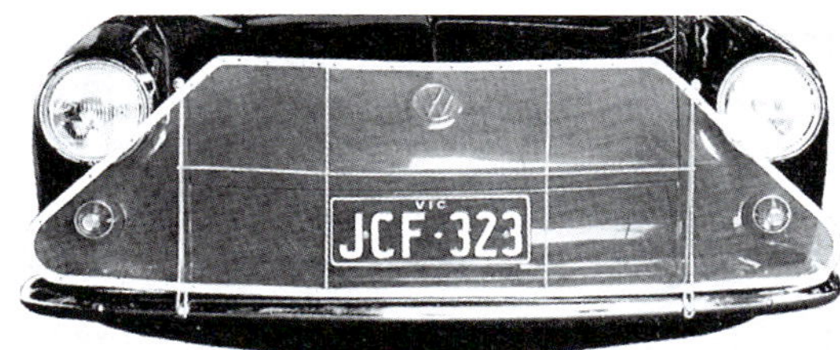

Insekten- und Steinschlagschutz

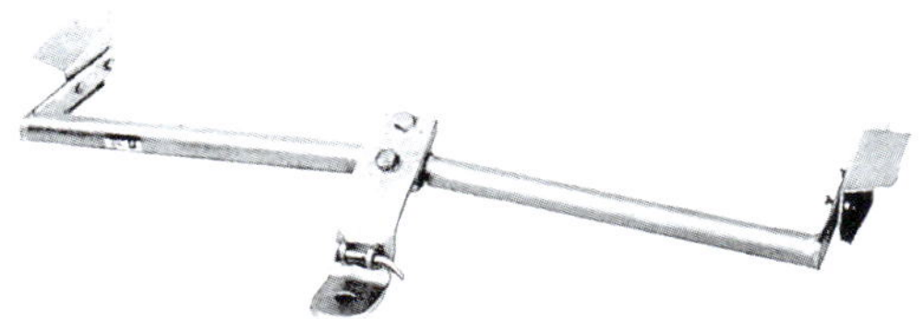

Anhängevorrichtung

Kunststoff-Sitzbezüge

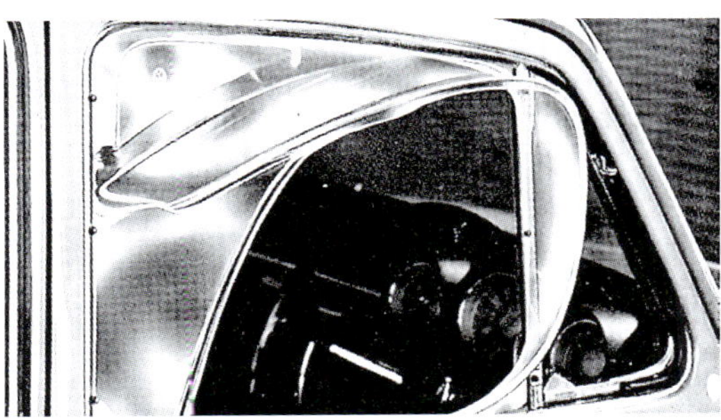

Kunststoff-Windabweiser

Steinschlag-Schutzgitter aus Metall für die Scheinwerfer

Jalousien

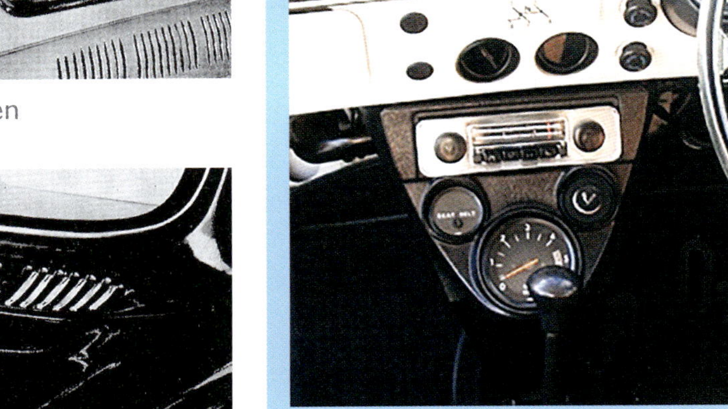

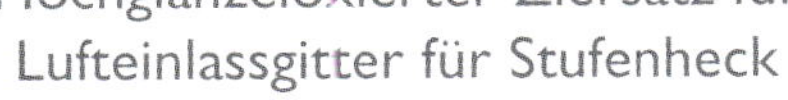

Hochglanzeloxierter Ziersatz für Lufteinlassgitter für Stufenheck

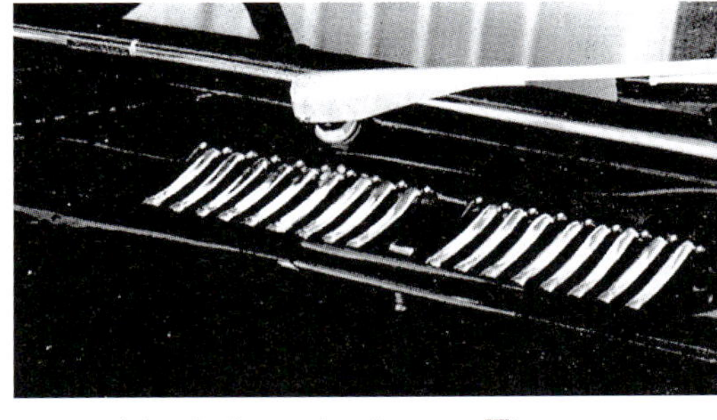

Hochglanzeloxierter Ziersatz für das Lufteinlassgitter vorne

Weicher Windschutzscheibenschutz aus Plexiglas (nicht erforderlich bei laminierten Windschutzscheiben)

Mittelkonsole für Radio und Anzeigeinstrumente

Rallyestreifen

VW-Radio

Offizielles Volkswagen-Zubehör: Ein australisches Stufenheckmodell von 1970 mit Rallyestreifen und Felgen aus einer Magnesiumlegierung.

Dieser australische Typ 31 mit Fließheck von 1970 verfügt über Rallyestreifen, einen Windabweiser an der Fahrerseite, eine Sonnenblende und Steinschutzgitter an den Scheinwerfern.

Kapitel 6
Entwicklung der Prototypen

Volkswagen-Produktion vor der Einführung des Typ 3

Als die britische Armee 1945 die „Stadt des KdF-Wagens" – das heutige Wolfsburg – erreichte, fand sie die KdF-Werke in Trümmern vor. Da es den Alliierten jedoch an Fahrzeugen mangelte, wurde die Fabrik von einem Team britischer Offiziere unter der Leitung von Major Ivan Hirst von den Royal Electrical and Mechanical Engineers (REME) wieder zum Leben erweckt und die Produktion neu aufgenommen.[1]

Ursprünglich konzentrierten sich die Arbeiten darauf, beschädigte Fahrzeuge zu reparieren. Es wurden aber auch Militärfahrzeuge gewartet, darunter Jeeps. Ivan Hirsts Bemühungen, die Angestellten und Arbeiter in Wolfsburg an Entscheidungen zu beteiligen und die Materialknappheit zu überwinden, zahlten sich aus, als die britische Armee eine Bestellung für 20.000 Fahrzeuge aufgab.[2] Unter der Verwaltung eines von der britischen Armee installierten Vorstands begann das Werk zu dieser Zeit sogar, Autos zu exportieren: 56 Stück wurden 1947 in die Niederlande geliefert. Darauf folgten steigende Exporte in die Schweiz, nach Belgien und Schweden. Der niederländische Importeur Ben Pon konnte 1949 den Käfer erfolgreich in die USA liefern, bis 1960 eine halbe Million Exemplare. Diesen Erfolg auszunutzen, war einer der Gründe, aus denen Volkswagen beschloss, ein weiteres Auto zu produzieren.

In ihrem Bemühen, das Werk in deutsche Hände zu übergeben, hatte die britische Armee in der Zwischenzeit Heinrich Nordhoff als geschäftsführenden Direktor eingesetzt. Vor dem Krieg hatte er für die damals zu General Motors gehörende Firma Opel gearbeitet. 1949 gab die britische Armee die Verwaltung der ehemaligen NS-Wirtschaftsgüter auf und übergab die volle Kontrolle des VW-Werkes an die Deutschen. Das auferstandene Volkswagenwerk wurde zu einem staatlichen Betrieb mit der Bundesregierung von Deutschland und der Landesregierung von Niedersachsen als Hauptanteilseignern. Im März 1950 produzierte das Werk seinen 100.000sten Käfer. Unter Nordhoffs Leitung kamen Überlegungen auf, einen zweiten Typ von Volkswagen zu bauen. Den Anfang machte die berühmte Skizze eines möglichen VW-Transporters, die

Oben: Major Ivan Hirst (1916–2000)

Mitte: Heinrich Nordhoff (1899–1968)

Unten: Colonel Charles Radclyffe von den REME übergibt das VW-Werk an die deutsche Bundesregierung und die Landesregierung von Niedersachsen. Auf der rechten Seite steht der damalige Bundeswirtschaftsminister und zukünftige Kanzler Ludwig Erhard.

Eine Büste von Heinrich Nordhoff auf dem Titelbild des *Spiegel* vom 30. September 1959

---

1. Eine hervorragende, reichhaltig mit Archivfotos illustrierte Beschreibung der Entwicklungsjahre in Wolfsburg gibt Parkinson, S., *Volkswagen Beetle: The Rise from the Ashes of War*, Veloce: Dorchester, 1996. Eine ausführliche Darstellung auf 450 Seiten erhalten Sie in Ludvigsen, K., *Battle for the Beetle*, Bentley Press: Massachusetts, 2000.

2. Siehe das Interview mit Ivan Hirst auf *https://www.youtube.com/watch?v=snA7z7mUINQ*. Ivan Hirst starb im Jahr 2000.

der niederländische Importeur Ben Pon angefertigt hatte und die zur erfolgreichen Entwicklung des Bulli T1 führte. Nordhoff war sich jedoch über die Notwendigkeit einer Diversifizierung der Autoproduktion im Klaren. Alles auf eine Karte zu setzen, ist für einen kontinuierlichen kommerziellen Erfolg gefährlich.

Angesichts des erstaunlichen Erfolgs des Käfers gab es Bestrebungen, das Unternehmen zu privatisieren. Das Konzept des „Volkswagens" (wie der Käfer damals schlicht genannt wurde, da VW nur diesen einen Typ produzierte) war jedoch nicht mehr das jüngste, und die möglichen Anteilseigner zeigten sich besorgt, dass kein Ersatz für dieses Modell in Sicht war. Typisch für diese Bedenken war eine Titelgeschichte in einer Ausgabe des *Spiegel* vom Herbst 1959. Der mit 15 Seiten ziemlich lange Artikel trug den Artikel: „Ist der VW veraltet?" Die Autoren fragten, ob das Fahrzeug weiterhin gegen den Renault Dauphine, den Lloyd Arabella oder den DKW Junior bestehen könnte.

1960 brachte die westdeutsche Bundesregierung einige ihrer Anteile an dem Unternehmen in Umlauf, das im Zuge dieser Emission in *Volkswagenwerke AG* umbenannt wurde. Während es mit einer Millionen Exemplaren des Käfers im Jahr 1956 immer noch auf der Erfolgswelle schwamm, wurde das Unternehmen unter Nordhoffs Führung jedoch immer mehr als zu langsam und zu ineffizient bei der Entwicklung neuer Konstruktionen angesehen. Doch während Nordhoff öffentlich den Käfer bewarb, hatte er 1952 hinter den Kulissen schon 200 Millionen DM ausgegeben, um neue Modelle zu entwickeln, teilweise in Partnerschaft mit anderen Herstellern wie Porsche, Ghia und Italsuisse. In der öffentlichen Wahrnehmung war das Unternehmen unentschlossen, doch Nordhoff und sein Team arbeiteten im Geheimen daran, viele Prototypen neuer Modelle zu entwickeln, während die Investoren ihn unter Druck setzten, etwas wegen des mittlerweile veralteten Autos zu unternehmen. Sie ahnten ja nicht, dass die Käferproduktion noch 40 Jahre weiterlaufen und mehr als 21 Millionen Exemplare erreichen sollte, bevor sie 2003 eingestellt wurde.

Seit Anfang der 50er Jahre hatte Volkswagen also schon mehrere Prototypen von Fahrzeugen entwickelt, die den Käfer ersetzen oder ergänzen sollten. Seitdem hat es viel Spekulation darüber gegeben, welche Prototypen als Ersatz des Käfers gedacht waren und welche zum Typ 3 und zum Typ 4 führten. Einige dieser Entwicklungsarbeiten wurden nicht von Volkswagen selbst durchgeführt, sondern bei Porsche[3] und dem italienischen Unternehmen Ghia in Auftrag gegeben. Das führte unter anderem dazu, dass die einzelne Prototypen jeweils völlig eigene Typbezeichnungen aufweisen, obwohl sie alle zum selben VW-Projekt gehören. Eine der unbestrittenen Tatsachen ist, dass der Volkswagen-Prototyp EA 97 (Entwicklungsauftrag) zur Entwicklung der brasilianischen Typen 102, 103, 105, 107, 145, 147 und 149 führte. Diese Fahrzeuge haben das breite Typ-14-Chassis und die vordere und hintere Federung des Käfers gemeinsam. Bei einigen von ihnen (102 und 103) findet sich auch der Käfermotor mit stehendem Gebläse. Die Karosserien der meisten brasilianischen Wagen erinnerten stark an den Typ 3, doch da sie auf einem Chassis vom Typ 14 aufgebaut waren, erhielten sie Typ-1-Bezeichnungen, obwohl die meisten von ihnen den Flachmotor des Typ 3 hatten.

Einige der Prototypen

Neben den hier vorgestellten gab es noch weitere Prototypen.

3. Reinhard Seiffert, „When the Beetle ran for ever". *Christophorus*, Stuttgart, Nr. 209, Dezember 1987, S. 46–51.

Diese frühen Prototypen zeigen deutlich ihren Ursprung beim Käfer. Das letzte Bild ist ein Design von Porsche.

Einige der ersten von Porsche für Volkswagen entwickelten Prototypen: Ausgehend vom Käfer, begann sich schließlich das Design des Typ 3 zu zeigen. Porsche nannte diese Studien Typ 555 (oben) und Typ 726 (Mitte und unten).

Der in der Zeit von 1959 bis 1968 entwickelte EA 97 kam dem Typ 3 schon näher. Allerdings hatten alle diese Fahrzeuge das breite Typ-14-Chassis, die Käferfederung und den kleinen Käfermotor 1300 mit stehendem Gebläse. Schließlich wurde aus dem EA 97 die brasilianische Version des Typ 3, während der eigentliche Typ 3 ein anderes Chassis, eine eigene Federung vorn und hinten und einen Flachmotor erhielt.

Ein Holzmodell, das der Ghia-Designer Sergio Sartorelli für Volkswagen herstellte: Die Fronthaube erinnert immer noch an den Käfer, aber trotzdem lässt sich in Form und Stil schon die Entwicklung zum Typ 3 erkennen.

Diese leicht unterschiedlichen Versionen des EA 47 basieren ebenfalls auf dem Chassis, der Federung und dem Motor des Käfers, zeigen aber bereits die weitere Entwicklung zum Konzept des Typ 3. Erstellt wurden diese Studien von Carrozzeria Ghia in Turin.

Diese Studien des italienischen Karosseriebauers Ghia und von Porsche (Typ 728) im Auftrag von Volkswagen waren für einen möglichen Nachfolger des Käfers gedacht. Sie bauen zwar auf dem Käferchassis auf, haben allerdings äußerlich keinerlei Ähnlichkeit mit dem Käfer oder dem Typ 3.

Der EA 53 ist eine weitere Porsche-Studie, immer noch auf der Grundlage eines Chassis vom Typ 14.

Der EA 160 schließlich war ein Typ-3-Prototyp. Er hatte bereits eine frühe Version des Typ-3-Chassis und einen 1500er Flachmotor.

Auch dieses Modell gehört zur Studie EA 53, diesmal entwickelt von Carrozzeria Ghia in Turin.

Dieses Modell wurde 1960 von Pietro Frua für Carrosserie Italsuisse in Genf auf der Grundlage eines VW-Käfer-Chassis entworfen. Der Bau dieses Fahrzeug nahm nur 35 Tage in Anspruch. Auf dem oberen Foto sind die Zwillingsauspuffrohre des Käfermotors zu erkennen.

Heimlich aufgenommenes Foto eines Typ-4-Prototyps auf der Teststrecke Ehra-Lessien.

Doch auch lange nach der Einführung des Typ 3 wurden Zweifel laut. Journalisten scheinen so etwas zu lieben. Der Typ 3 erntete viel Kritik, wobei sich die Journalisten auf Pannen und die angeblich gefährliche Kurvenlage des Fahrzeugs konzentrierten und die Überlebensfähigkeit des Typ 3 und der Volkswagen AG selbst in Frage stellten. Viele sahen den Typ 3 als veraltet und unzuverlässig an.[4] Manche Journalisten versuchten herauszufinden, ob VW den Typ 3 ersetzen würde. Der Typ 4 oder 411 war bereits in Entwicklung. Mit Teleobjektiven hatten manche Fotografen wie Hans Lehmann bereits heimlich Prototypen auf dem Volkswagen-Versuchsgelände in Ehra-Lessien in der Lüneburger Heide in Aktion aufgenommen.

Angesichts der Diskussionen in der Presse, ob die Produktion des „neuen" Typ 3 fortgesetzt würde, lud VW-Direktor Heinrich Nordhoff einige Journalisten des Nachrichtenmagazins *Der Spiegel* ein und zeigte ihnen in Ehra-Lessien eine Sammlung von mehr als 40 Prototypen.[5]

Trotz der negativen Presse wurde der Typ 3 in Deutschland bis zum Ende des Modelljahrs 1973 erfolgreich gebaut. In Brasilien lief die Produktion sogar bis 1981.

Man könnte versucht sein, die Kritik der Presse an Nordhoff und der Volkswagen AG als ungerechtfertigt abzutun. Allerdings war (und ist) der Zustand des Großunternehmens Volkswagen ein Indikator für den Zustand der deutschen Wirtschaft und Industrie insgesamt, weshalb die Presse die Firma naturgemäß genau unter die Lupe nahm. Dieses Vorgehen hätte die Volkswagen AG durchaus unter Druck setzen und dazu animieren können, sich um Fortschritt zu bemühen, anstatt sich bequem zurückzulehnen und auf ihren Lorbeeren auszuruhen. Genau das geschah auch tatsächlich, als Nordhoff 1968 starb und Rudolf Leiding von Volkwagen do Brasil seinen Posten übernahm. Er machte sich daran, die Vorherrschaft der luftgekühlten Volkswagen-Motoren zu beenden, und setzte stattdessen auf die Audi-Technologie mit Frontantrieb und wassergekühlten Motoren, die er auch bei VW einführte. Das Unternehmen machte sprunghafte Fortschritte und entwickelte sich bis zum Jahr 2015, wenn auch nur für sehr kurze Zeit, zum größten Automobilhersteller der Welt knapp vor Toyota.

---

4. *Der Spiegel* vom 15. April 1964, S. 48–63. Der Artikel über die Zuverlässigkeit von VW war die Titelgeschichte.

5. *Der Spiegel* vom 20. Mai 1968. Wie die Abbildung zeigt, war der betreffende Artikel wiederum die Titelgeschichte.

Auf der Haube des Fahrzeugs war ein falsches Logo angebracht!

Heimlich von einem Journalisten in Dänemark aufgenommenes Foto eines Vorserienwagens. Diese Testfahrzeuge hatten weiße Lenkräder und schwarz lackierte Radkappen. Die weißen Lenkräder waren auch noch bei den ersten Serienautos vorhanden.

Polartest eines Typ-3-Vorserienwagens in Schweden im Januar 1961. Der Typ 3 ist deutlich gereift. (Foto: Svenska Volkswagen AB)

Journalisten der Zeitschrift *Gute Fahrt*, die sich an VW-Freunde richtete, erhielten von VW vorab Zugang zum Typ 3. In der März- und Juni-Ausgabe von 1961 wurde in dieser Publikation bereits ausführlich über den kommenden neuen Volkswagen berichtet.

Viele der hier präsentierten Autos stellten mögliche Weiterentwicklungen des Typ 3 und sogar des noch gar nicht angekündigten Typ 4 dar. Einige waren nur Attrappen, andere dagegen waren fahrtüchtig. Hier ist nur eine Auswahl zu sehen. Diese offene Ausstellung der Forschungs- und Entwicklungstätigkeiten war etwas, was es unter Fahrzeugherstellern bisher noch nie gegeben hatte. Sie zeigte jedoch, dass VW etwas tat.

Zwei Prototypen dieser Präsentation: eine Kreation von Carrozzeria Ghia und eine frühe Porsche-Studie

Unter den gezeigten Fahrzeugen befanden sich auch drei größere Prototypen, unter anderem ein ziemlich großer Viertürer mit Kofferraum.

Noch im selben Jahr ließ der finanziell katastrophale „Dieselgate"-Abgasskandal VW auf den zweiten Platz rutschen, wobei die Verkaufszahlen allerdings nur um 150.000 Exemplare unter denen von Toyota lagen – mit jeweils insgesamt um die 10 Millionen Auslieferungen bei Toyota (1), Volkswagen (2), und General Motors (3), an die sich Hyundai (4) von hinten heranpirschte.

(Fotos: *Der Spiegel*, *Gute Fahrt*, Svenska Volkswagen AB, Volkswagen de México, Toyota Motor Corp und Stiftung AutoMuseum Volkswagen)

Käfer und Corolla

Apropos Produktionszahlen: Mit 21 Millionen von 1938 bis 2003 hergestellten Exemplaren ist der VW Käfer das meistgebaute Auto aller Zeiten. Behauptungen, dass dieser Titel dem Toyota Corolla gebührte, sind absurd und gehen lediglich auf die Wiederverwendung des Namens zurück. Der letzte Käfer von 2003 war im Grunde genommen das gleiche Auto wie das Modell von 1938: Er hatte die gleiche Größe, die gleiche Form, den gleichen Hinterradantrieb, den gleichen luftgekühlten Motor, die gleiche Pendelachsenfederung und das gleiche Zentralrohrchassis. Dagegen unterscheidet sich der Toyota Corolla von 1968 – ein Kleinwagen mit Hinterradantrieb, kleinem, längs eingebautem OHV-Motor und Blattfederung hinten, erheblich vom Toyota Corolla von 2016, der nicht nur viel größer ist, sondern auch über Frontantrieb, Multi-Lenker-Hinterachse mit Spiralfedern und einen quer eingebauten Motor mit zwei obenliegenden Nockenwellen verfügt. Die einzige Gemeinsamkeit zwischen den Corollas von 1968 und 2016 ist der Name.

Käfer 1938

Käfer 2003

Corolla 2016

Corolla 1968

Kapitel 7
Der Beginn

Angesichts des überwältigen Erfolgs des Käfers waren die Erwartungen an den neuen Volkswagen groß. Würde er sich zu einem ebensolchen Verkaufsschlager entwickeln? Würde er dem Ruf des Käfers von Robustheit und Zuverlässigkeit gerecht werden? Würde er sich als eine Verbesserung des Käfers erweisen?

Das neue Modell wurde im September 1961 auf der Internationalen Automobilausstellung in Frankfurt der Öffentlichkeit vorgestellt, allerdings war es schon im April desselben Jahres den Leitern der größten Volkswagen-Händler gezeigt worden, die Heinrich Nordhoff aus ganz Europa eingeladen hatte. Die Händler kamen in der Erwartung nach Wolfsburg, lediglich einen neuen Teil der Fertigungsanlagen zu besichtigen. Stattdessen wurden sie mit dem Werksbus zu einem abgelegenen Gebäude auf dem Firmengelände gebracht, wo ihnen Nordhoff dann eröffnete, dass er ihnen das neue Modell zeigen wolle. Daraufhin zogen die Arbeiter die Hüllen von vier Autos ab – drei Limousinen (Stufenheck) und ein Kombi (Variant). Die Händler konnten sie genau in Augenschein nehmen, allerdings waren keine Journalisten anwesend. Fast alle Aufnahmen dieser Veranstaltung stammen von Werksfotografen.

Es gab nur eingeschränkte Pressemitteilungen, einige wenige sorgfältig ausgewählte Fotos und spärliche Informationen, um die Neugier und das Interesse bis zum Erscheinen des großen Volkswagens wach zu halten. Die Medien ließ man warten. Bis zur Automobilausstellung in Frankfurt wurden nur sehr wenig Informationen freigegeben. Zeitschriften

Einige der offiziellen VW-Fotos, die bei der Veranstaltung aufgenommen wurden. Im oberen Bild spricht Nordhoff zu den Händlern.

Eines der von *L'Auto-Journal* heimlich aufgenommenen Fotos in der australischen Zeitschrift *Modern Motor* von Juli 1961.

Drei der von Volkswagen im März 1961 vorab der Presse übergebenen Fotos, die die Neugier wecken sollten.

NEW VW

Further Assessment of Additional 1·5-litre Model

Eine Seite des britischen Magazins *Autocar* vom 10. März 1961

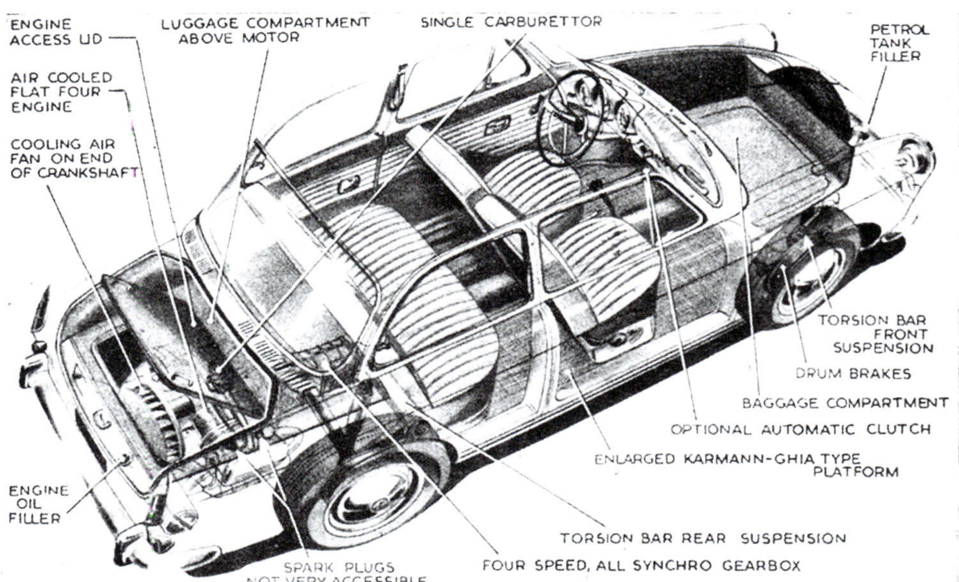

Diese Schnittzeichnung erschien in der Ausgabe der australischen Zeitschrift *Wheels* vom Juli 1961. Die dargestellten Einzelheiten waren erstaunlich genau, was zeigt, wie viele Informationen durchgesickert waren.

Ein typisches Magazintitelbild seiner Zeit: *Modern Motor*, Ausgabe Juli 1961 mit sensationellen, exklusiven Fotos

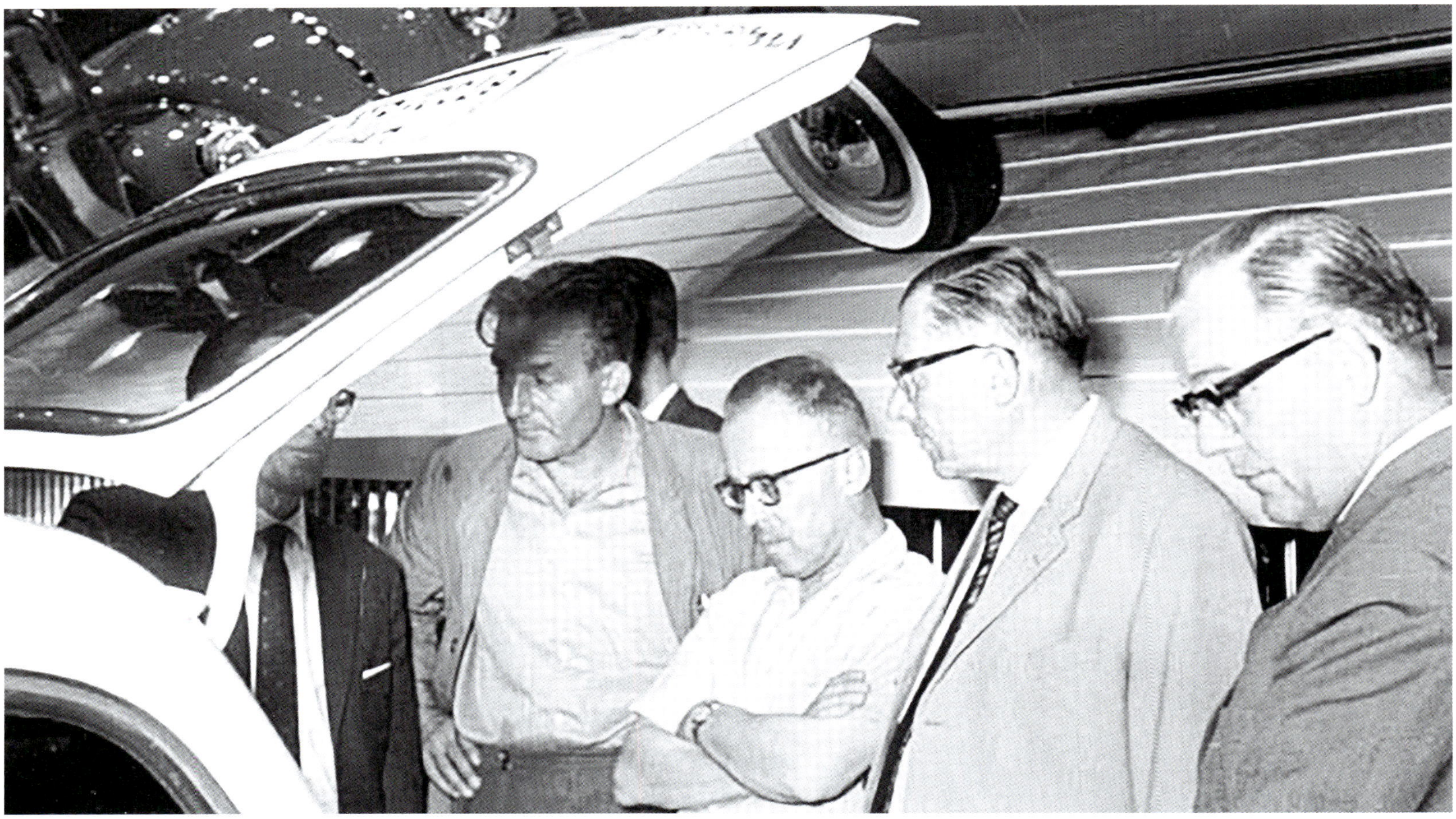

Besucher des Volkswagen-Stands auf der Automobilausstellung in Frankfurt bestaunen den neuen 40 cm hohen Flachmotor des neuen VW 1500 Variant.

brachten „exklusive" Berichte über Prototypen, die in Skandinavien gesichtet worden waren, mit Bildern, die Reporter des französischen Magazins *L'Auto-Journal* mit dem Teleobjektiv über die Umzäunung des VW-Testgeländes Ehra-Lessien in der Lüneburger Heide nördlich von Wolfsburg aufgenommen hatten.

Die Internationale Automobilausstellung von September 1961 in Frankfurt war eine der bis dahin glanzvollsten. Der Hauptanziehungspunkt war der Volkswagen-Stand mit seinen technisch eindrucksvollen Exponaten. Die größte Attraktion auf diesem Stand waren jedoch der neue 1500 in den Ausführungen als zweitürige Limousine und als dreitüriger Kombi sowie eine sehr attraktive Cabrio-Version auf Basis der 1500er

Der Volkswagen-Stand auf der Automobilausstellung in Frankfurt war ein spektakulärer Erfolg.

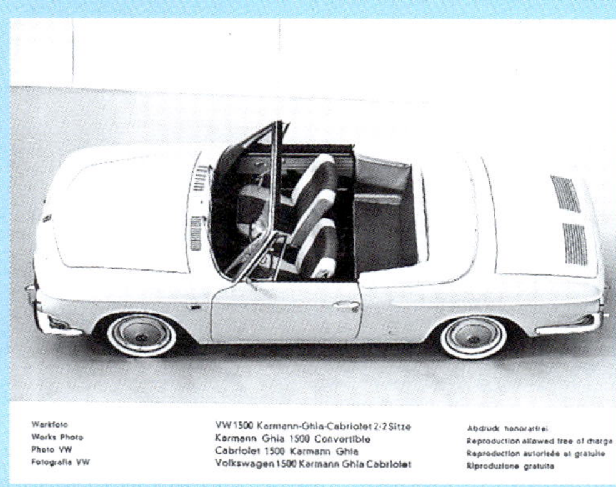

Einige der Fotos, die zur Eröffnung der Frankfurter Automobilausstellung von 1961 an Journalisten ausgegeben wurden.

Drei auf der Automobilausstellung von 1961 herausgegebene Verkaufsbroschüren: Die Cabrio-Broschüre ist in Französisch und zeigt auf der inneren Doppelseite eine ansprechende Darstellung des Wagens mit hoch- und heruntergeklapptem Dach. In der Broschüre mit dem Titel „VW 1500" geht es um den Typ 31 mit Stufenheck. Die dritte Broschüre enthält Abschnitte zu drei Versionen, dem Typ 31 mit Stufenheck, dem Typ 36 Variant und dem Typ 35 Cabrio. Auf die Cabrio-Broschüre hat ein Händler den Preis von 13.750 Francs notiert. Das war 1961.

Limousine. Dazu passend zeigte Karmann auf seinem Stand die offene Version des neuen Karmann-Ghia Coupé.

Nach der Messe machte Volkswagen jedoch einen Rückzieher und nahm die beiden Cabrio-Modelle aus dem Programm heraus, obwohl es dafür bereits gedruckte Verkaufsbroschüren in Deutsch, Englisch, Dänisch und Französisch gab.

Möglicherweise wurden die Cabriolets vom Typ 35 und vom Typ 34 Karmann-Ghia aufgrund von Bedenken wegen der strukturellen Stabilität in letzter Minute vom Markt genommen (ein häufiges Problem bei Cabrios, wo-

Zwei Aufnahmen der allerersten Stufenhecklimousine des Typ 3 aus Serienproduktion. Ein ähnliches Fahrzeug befindet sich heute im VW-Museum in Wolfsburg.

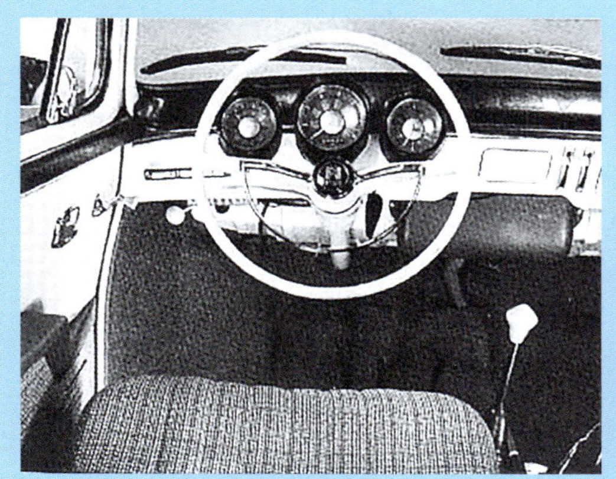

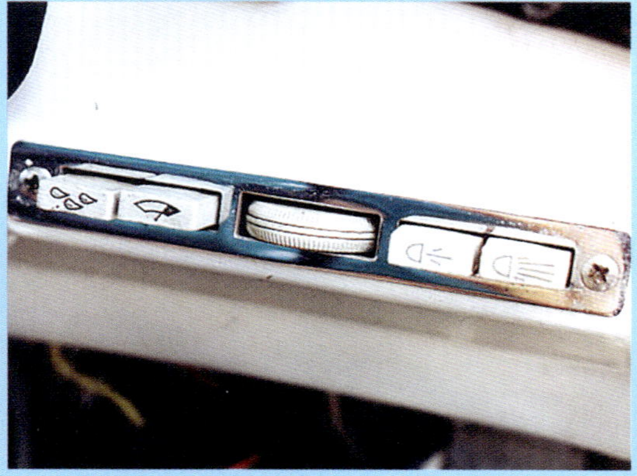

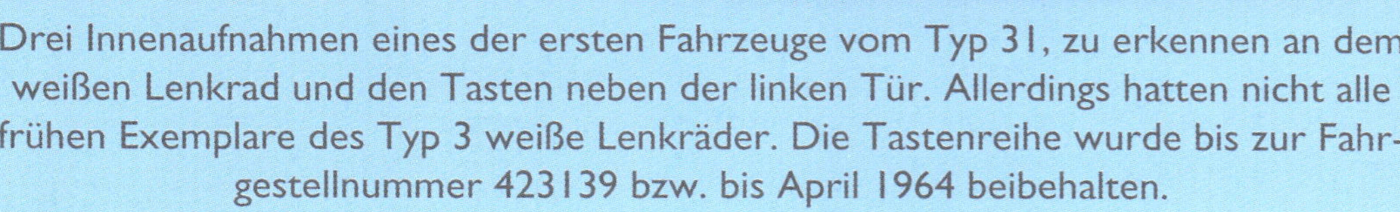

Drei Innenaufnahmen eines der ersten Fahrzeuge vom Typ 31, zu erkennen an dem weißen Lenkrad und den Tasten neben der linken Tür. Allerdings hatten nicht alle frühen Exemplare des Typ 3 weiße Lenkräder. Die Tastenreihe wurde bis zur Fahrgestellnummer 423139 bzw. bis April 1964 beibehalten.

Im September 1961 ist die Produktion des Typ 3 in vollem Gange.

bei die Karmann gewöhnlich sehr gut waren). Wahrscheinlicher sind jedoch Bedenken wegen ausufernder Produktionskosten. Auf jeden Fall schafften es die Cabrio-Modelle nie in die Produktion. Ein Exemplar des Cabrios vom Typ 34 befindet sich im Karmann-Museum in Osnabrück, während zwei Cabrios vom Typ 35 (ein rotes und ein weißes) im Volkwagen- bzw. im Karmann-Museum stehen.

Zunächst erntete der neue Volkswagen begeisterte Kritiken, aber wie in einer Vorwegnahme von Ralph Naders berühmter Kritik am Chevrolet Corvair[1] griffen einige deutsche Medien, insbesondere die Zeitschrift *hobby* in der Ausgabe vom April 1965, das Fahrverhalten des Typ 3 an.

Die Tester von *hobby* fuhren einen brandneuen 1500S und konzentrierten sich auf die Heckfederung mit Pendelachse. Unter extremen Umständen und beim schnellen Durchfahren scharfer Kurven neigte das Heck zum Abheben, was die Spurweite der Hinterräder stark verengte und den Schwerpunkt anhob, was wiederum dazu führte, dass sich die Räder einwärts drehten und sich der Wagen überschlug. Das war besonders bedenklich, da das Auto aufgrund seines Heckmotors ohnehin dazu neigte, in Kurven zu übersteuern, was einen durchschnittlichen Fahrer so erschreckt, dass er auf die Bremse drückt, anstatt Gas zu geben. Um das Fahrzeug dazu zu bringen, sich zu überschlagen, hatten die *hobby*-Mitarbeiter jedoch eine extreme und unwahrscheinliche Fahrweise anwenden müssen.

Die schlechte Presse konnte die Kunden nicht abschrecken, von denen die meisten ohnehin nicht beabsichtigten, ihr Auto in Kurven bis an die Grenzen zu belasten. Außerdem benutzten damals auch viele andere Hersteller wie Mercedes-Benz, Skoda, Tatra, Hillman, Renault und Fiat eine Pendelachsenkonstruktion, um eine unabhängige Hinterachsfederung zu erreichen. Schon bald ergriff Volkswagen Maßnahmen, um das

1. Nader, R., *Unsafe at Any Speed*. Grossman Publishers: New York, 1965.

Als Reaktion auf die Kritik in *hobby* testete der schwedische Importeur Svenska Volkswagen AB einen VW 1500S auf eindrucksvolle Weise.

Der VW 1500S von Svenska Volkswagen auf dem Slalomparcours

Ein schwedischer VW 1500S mit hoher Geschwindigkeit in der Kurve: Bei der sehr feuchten RAC-Rallye von 1963 erreichte dieses Fahrzeug mit den Fahrern Harry Källström und Gunnar Häggbom den zweiten Platz.

Der VW 1500S konnte seine Rallye-Erfolge in Schweden in den Jahren 1964 bis 1965 fortsetzen.

Ein schwedischer 1600TL mit Fließheck von 1966 übersteuert in der Kurve.

Ein schwedischer 1600TL mit Fließheck beim gestaffelten Start in der Akropolis-Rallye von 1966

Hier zeigt ein schwedischer Fahrer, wie man in den 1960ern Rallyeautos betankte.

Problem durch die Einführung einer Ausgleichsfeder oder eines Torsionsstabes als Mittelstück zwischen den beiden Hinterachsrohren zu lösen. Dies geschah insbesondere bei den Variant-Modellen, die oft mehr Gewicht im Heck tragen mussten. Schließlich verzichtete VW ganz auf die Pendelachse und führte die anspruchsvolle, aber auch teurere Schräglenker-Hinterachse ein, zunächst bei den Automatikmodellen von 1968 und dann 1969 auch bei den Wagen mit manuellem Schaltgetriebe. Bei dieser neuen Konstruktion bleibt der Sturz der Hinterräder unter allen Umständen nahezu unverändert. Während der gesam-

Björn Waldegård und sein Beifahrer Lars Nyström mit ihrem siegreichen VW 1500S bei der Rallye Schweden 1965.

Ihr VW 1500S in Aktion

(Fotos von der Rallye Schweden auf dieser Seite mit freundlicher Genehmigung der Svenska Volkswagen AB.)

Beim AMPOL-Rennen, einer vielbeachteten Rallye in Australien

Barry Ferguson und Tony Denton als glückliche Zweitplatzierte mit ihrem 1500S nach der AMPOL-Rallye von 1964

ten Produktionszeit des Typ 3 hat VW außerdem immer einen viel niedrigeren Reifendruck vorn als hinten empfohlen, um die Gefahr des Übersteuerns zu verringern.[2]

Kurz nachdem die Zeitschrift *hobby* ihre Kritik veröffentlichte, machte sich der schwedische Importeur Svenska Volkswagen AB daran, den geschädigten Ruf des Typ 3 wiederherzustellen. Das Unternehmen jagte einen brandneuen VW 1500S mit Zweivergaser-Anlage über einen langen Slalomparcours und filmte den Vorgang. Das Foto mag zwar erschreckend wirken, aber der Wagen überstand die Aktion mit Bravour und traf nicht einen einzigen der Leitkegel.

Mit unveränderter Heckfederung erreichte der schwedische VW 1500S den zweiten Platz in der Gesamtwertung der sehr anspruchsvollen und sehr feuchten britischen RAC-Rallye im November 1963. Dabei schlug er den Lotus Cortina, den Austin Healey, den Mini und Modelle von SAAB und Volvo.

Ein weiterer Erfolg stellte sich 1964 in Australien bei dem mörderischen

2. Es ist auch möglich, einen Typ 3 mit Schräglenker-Hinterachse zum Übersteuern zu bringen, indem man den Luftdruck der Vorderreifen auf 2,2 bar erhöht. Damit kann man schön schnell durch Kurven fahren und das Heck kontrolliert ausbrechen lassen. Wenn Sie dabei aber einen Unfall bauen und der erhöhte Reifendruck festgestellt wird, kann es sein, dass die Versicherung sich weigert, für den Schaden aufzukommen. VW empfiehlt übrigens 1,17 bar vorn und 1,93 bar hinten.

12.01 AM SUNDAY AUGUST 23rd, 1964

Ray Christie and Joe Dunlop clock out from the Southern Cross Hotel, Melbourne, at the commencement of their 8044-mile trip. The VW1500 was equipped with an additional fuel tank to bring the total fuel capacity up to 30 gallons.

5 DAYS, 22 HOURS, 17 MINUTES LATER –

10.18 PM FRIDAY AUGUST 28th, 1964

Tired but jubilant, Ray and Joe arrive back at their starting point. Ray Christie said, "In many years of trials driving I have never encountered such terrible roads. The way the 1500 took to them without a complaint proves that this is certainly the greatest car I've ever driven."

What does this amazing achievement prove?

The VW1500 expertly driven around Australia in five days by Ray Christie and Joe Dunlop didn't break any records — because there are no official records to break.

We do know that this trip was faster than anyone has ever done it before — **two days** faster in fact than the time taken by Ray and Joe when they did it in 1962, in a VW1200 Sedan.

But we weren't setting out to prove speed, but to prove beyond doubt the VW1500's take-anything, go-anywhere reliability.

And what better way to prove it! Through heat, dust, mud, sand, rocks, creek beds — the roughest country in the world.

The VW1500's flat bottom slid over rocks without the slightest damage to the gearbox, sump or transmission.

Water and dust were no problem, because the VW1500 is so tightly put together it's airtight.

At the end of the trip the VW's tyres were in great shape and the radiator hadn't boiled. It can't. Volkswagen doesn't have a radiator — the engine is cooled by air, not water.

It's the kind of car you get from good basic design, precision engineering and years of work in perfecting every single part.

Shell Fuels and Lubricants as well as Dunlop Tyres and a Dunlop Battery were used exclusively by Ray and Joe in the VW1500 which they drove around Australia in five days.

Volkswagen of Australia hatte ein Händchen für Publicity und Reklamegags.

Eine Fließheckkarosserie auf einem Formel-5000-Rennrahmen mit einem V8-Mittelmotor mit vier obenliegenden Nockenwellen. In den 1990ern gehörte dieses Fahrzeug Brian Thompson aus Shepparton in Australien. Es ist wahrscheinlich der eindrucksvollste Typ 3 aller Zeiten!

AMPOL-Rallye über 11.000 km ein, auf dem der VW 1500S auf Anhieb den zweiten und vierten Platz erreichte und den Teampreis gewann.

1964 schickte Volkswagen auch einen 1500S als Werbegag auf eine Testfahrt rund um Australien. Die beiden Fahrer Ray Christie und Joe Dunlop legten auf einer Nonstopfahrt über wirklich raue Pisten in einer Rekordzeit von 22 Tagen und 22 Stunden eine Strecke von 13.000 km zurück. Dabei brachen sie zwei frühere Rekorde, die 1962 und 1963 mit dem Austin Freeway bzw. dem VW Käfer aufgestellt wurden. Die Geschwindigkeiten, die Christie

Bei Rennen in Australien treten gelegentlich immer noch VW Typ 3 an. Diese Fotos wurden 2013 und 2014 aufgenommen.

und Dunlop mit ihrem 1500S erreichten – manchmal fuhren sie stundenlang mit 160 km/h – sind heute gesetzwidrig, weshalb ihr Rekord wahrscheinlich niemals unterboten wird.

Vielen Dank an VW of Australia, Brian Thompson, Stiftung AutoMuseum Wolfsburg, Brian Foley, Svenska Volkswagen AB und die Zeitschriften *hobby*, *Wheels*, *Modern Motor*, *Autocar* und *Safer Motoring* für die Fotos und sonstigen Abbildungen in diesem Kapitel.

Dieser 1600TL mit Fließheck von 1970 wurde noch im Jahre 2016 bei den Leyburn Sprints in Queensland von Christine Dalgleish erfolgreich gefahren.

Zwei brandneue VW 1500 Typ 3 mit Stufenheck treten 1962 bei der Internationalen Rallye Irland an. (Fotos: Brian Foley und *Safer Motoring*)

Kapitel 8
1961 bis 1965

In diesem Kapitel geht es um die in Deutschland gefertigten Autos mit den Fahrgestellnummern 0 000 014 bis 315 220 883, also bis einschließlich Modelljahr 1965. Die Produktion der Limousinenausführung des 1500 begann am 28. April 1961, die des 1500 Variant am 15. Dezember desselben Jahres (mit der Fahrgestellnummer 0 006 827).

In den ersten Jahren der Typ-3-Produktion gab es lediglich drei Grundmodelle: Die Limousine (Typ 31) mit Stufenheck, den als Variant bezeichneten Kombi oder Kastenwagen (Typ 36) und den Karmann-Ghia-Coupé (Typ 34). Den Typ 34 und die Kastenwagenausführung

Von oben nach unten: Typ 31, Typ 36 und Typ 34

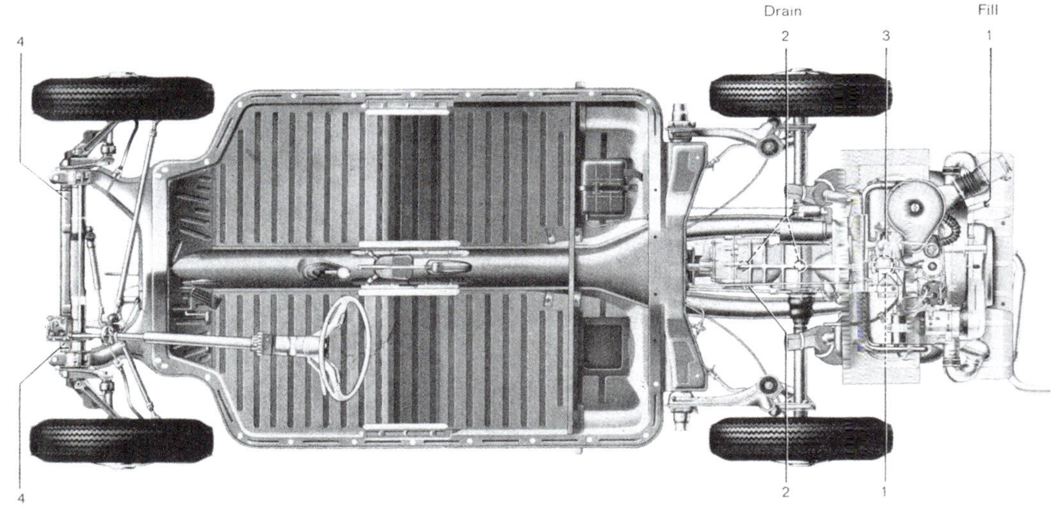

Ein typisches Pendelachsenchassis für die ersten Typ 3 mit Einzelvergaser, einschließlich Motor, Getriebe und Federung. Dieses Chassis wurde beim Typ 31, 34 und 36 verwendet. Auffällig sind die „Hörner" an der Vorderseite, an denen die Vorderachse angeschraubt ist.

Gute Fahrt gehörte ebenso wie das Magazin *hobby* und das australische *Modern Motor* zu den vielen Autozeitschriften, die begeisterte Kritiken über den neuen VW 1500 brachten.

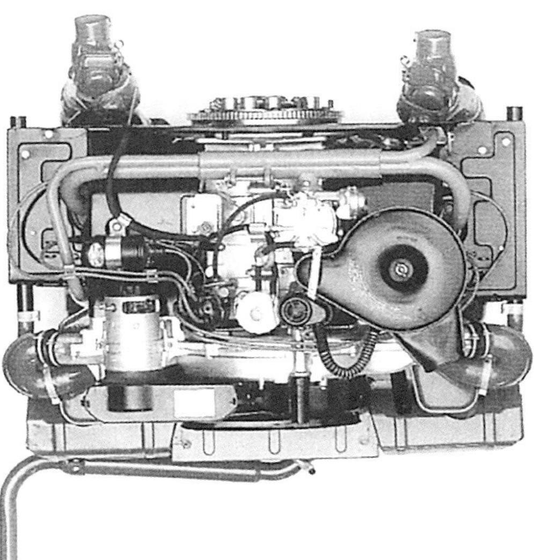

Draufsicht des Flachmotors 1500 in der Einzelvergaserausführung: Er ist nur 40 cm hoch.

Volkswagen und die Zeitschrift *Gute Fahrt* für VW-Freunde stellten die beiden Kofferräume der Stufenhecklimousine heraus.

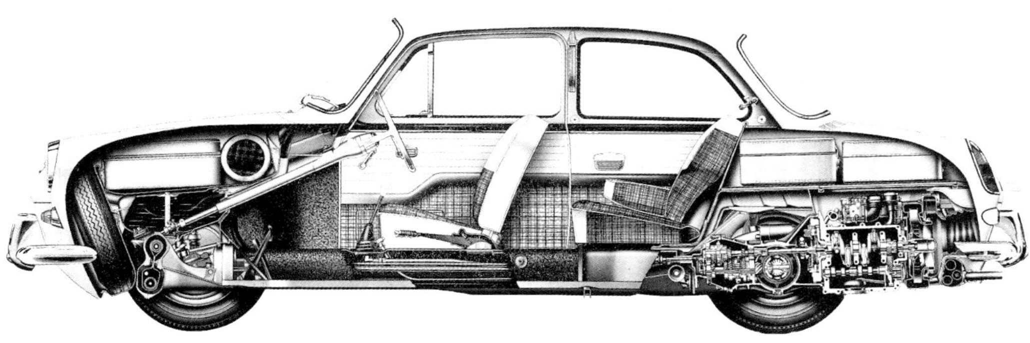

Längsschnitt durch ein frühes Modell des 1500 Typ 3 mit Stufenheck

Diese beiden Bilder zeigen den Unterscheid zwischen der Vorderachsfederung des Käfers oder Typ 1 und des Typ 3. Der Typ 1 hat zwei Sätze von flachen Torsionsstabfedern, die sich fast über die ganze Breite des Fahrzeugs hinziehen und in zwei parallelen Rohren untergebracht sind. Beim Typ 3 dagegen enthält das obere Rohr einen Stabilisator und das untere ein Paar von Torsionsstäben, die sich bis fast über die gesamte Fahrzeugbreite diagonal ausdehnen.

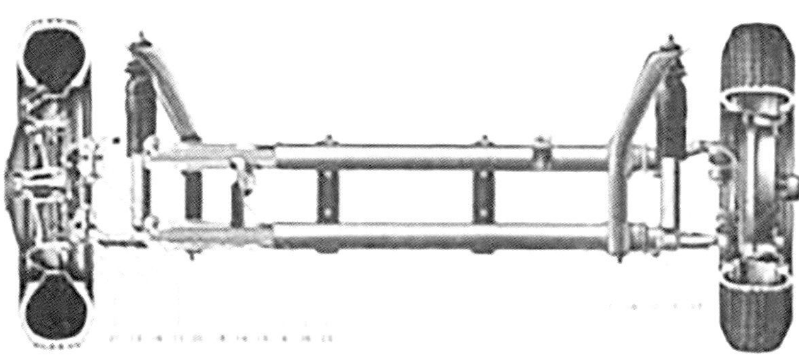

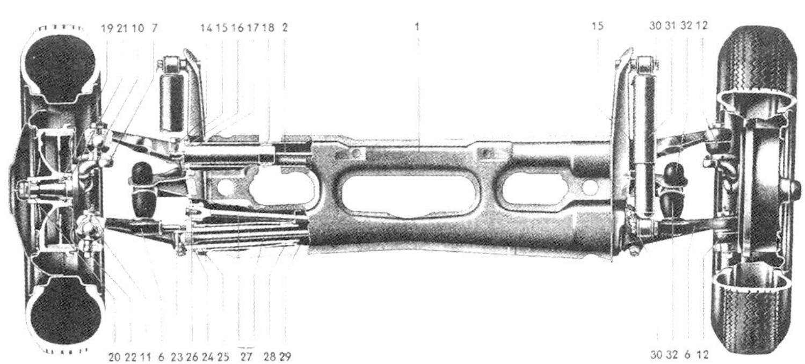

Ein wirklich schönes Beispiel eines frühen Typ 31 aus Schweden

Frühe Modelle der Variant- und der Stufenheckversion (deutsche und kanadische Fahrzeuge)

Wie der Typ 31 mit Stufenheck wurde auch der Typ 36 Variant mit seiner großen Ladekapazität beworben.

Volkswagen-Werbeaufnahmen von frühen Fahrzeugen des Typ 31 und Typ 36

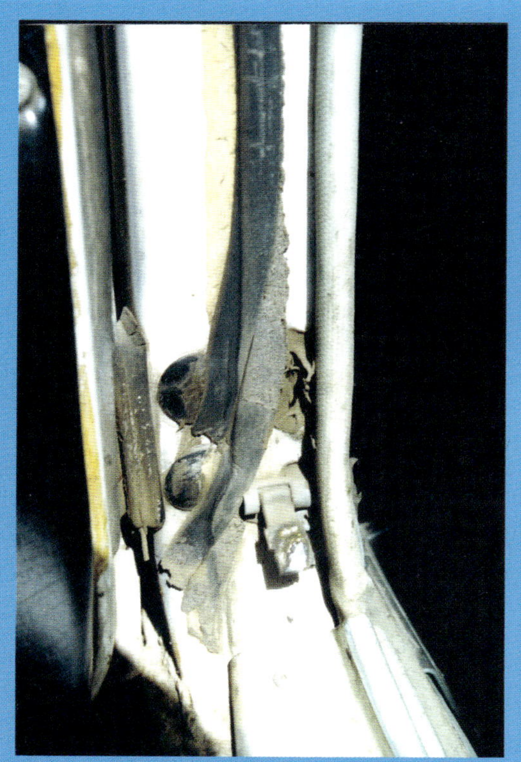

Volkswagen führte ein System aus Bowdenzügen und Hebeln ein, um die Vordersitze bei geöffneter Tür nach vorn zu klappen und somit den Passagieren auf den Rücksitzen das Ein- und Aussteigen zu ermöglichen. Die Anlage war kompliziert und funktionierte oftmals nicht. Nach zwei Jahren wurde sie durch einen Hebel an der Türseite der Rücklehne des Vordersitzes ersetzt.

des Typ 36 sehen wir uns in nachfolgenden Kapiteln genauer an.

Einige schöne Fotos von frühen Stufenheck- und Variant-Modellen, aufgenommen von Svenska Volkswagen AB, dem damaligen schwedischen Importeur.

Da alle diese Fahrzeuge aus der Produktion vor August 1963 stammen, verfügen sie über Stoßstangenhörner, kleine Tropfenblinker und seitliche Parklichter, haben aber keine Chromzierleisten. Von April 1961 bis Juli 1963 stellte das Volkswagenwerk nur eine Version des Typ 31 und zwei Versionen des Typ 36 (Kombi und Kastenwagen) her. Die Nachfrage nach dem neuen VW 1500 war so gut, dass ein breiteres Angebot nicht benötigt wurde.

August 1963: Die ersten umfangreichen Änderungen

Beginnend mit dem Modelljahr 1964 bzw. der Fahrgestellnummer 0 221 975 wurden vier Versionen des Typ 31 mit Stufenheck und fünf Versionen des Typ 36 Variant gebaut:

- 1500N mit Stufenheck mit Einzelvergasermotor und einfacher Innenausstattung (Standard)
- 1500N Variant mit Einzelvergasermotor und einfacher Innenausstattung (Standard)
- 1500 mit Stufenheck und Einzelvergasermotor sowie fast allen Extras als Mehrausstattung
- 1500 Variant mit Einzelvergasermotor und fast allen Extras
- 1500S mit Stufenheck, allen Extras und Zweivergaser-Anlage
- 1500E mit Stufenheck; entspricht dem 1500S, hat aber nur einen Einzelvergaser (nicht für Deutschland)
- 1500S Variant mit allen Extras und Zweivergaser-Anlage
- 1500E Variant mit allen Extras, aber nur Einzelvergaser (nicht für Deutschland)
- 1500 Variant in Kastenwagenausführung; entspricht dem 1500N Variant, hat aber keine mittleren und hinteren Seitenfenster (siehe Kapitel 14)

Einfache VW 1500N in Stufenheck- und Variant-Ausführung ohne Extras mit nur grundlegender Ausstattung: keine Uhr, keine Stoßstangenhörner, keine Parklichter an den Seiten, keine Sonnenblende auf der Beifahrerseite, keine Chromzierleisten, lackierte statt verchromte Drehfenster, die hinteren Seitenfenster nicht aufklappbar, einfache Polsterung, keine Armlehne auf dem Rücksitz und ein Motor mit Einzelvergaser.

Dieses Angebot wurde bis zum Ende des Modelljahrs 1965 und der Fahrgestellnummer 315 220 883 beibehalten. Mithilfe der M-Optionen konnten die Kunden ihren Fahrzeugen natürlich Extras hinzufügen. So war es etwa möglich, einen 1500N mit M 282 zu bestellen, einer Sonnenblende mit Spiegel für die Beifahrerseite, oder mit der Option M 261, einem Außenspiegel für die Beifahrerseite.

Wie die meisten Autohersteller setzt auch Volkswagen auf das Prinzip der ständigen Verbesserung. Das bedeutet, dass Änderungen jederzeit stattfinden können, auch innerhalb eines Modelljahrs. Besonders zu Beginn der Produktionszeit des Typ 3 erforderten zahlreiche kleine Probleme, die sich in der täglichen Praxis zeigten, Modifikationen im laufenden Produktionsprozess. Bei mechanischen Arbeiten an solchen Klassikern wird man daher zwangsläufig auf Probleme stoßen, wenn man nicht die ständig aktualisierte Teileliste zurate zieht. Sie gibt die Fahrgestellnummern an, bei denen die einzelnen Änderungen jeweils in Kraft traten. Für Besitzer eines Typ 3 ist es in der heutigen Zeit sehr praktisch, die offizielle Volkswagen-Teileliste zur Hand zu haben. Es handelt sich dabei um eine ziemlich umfangreiche Loseblattsammlung. Auf der Internetseite der VW Typ 3 Liebhaber e. V. (www.typ3.de) findet man unter „Tipps" einen vollständigen Ersatzteilkatalog für den Typ 3 und den großen Karmann-Ghia Typ 34. In einem Buch wie diesem ist es natürlich nicht möglich, sämtliche Änderungen zu erfassen, die im Produktionszeitraum von 1961 bis 1973 vorgenommen wurden. Die Teileverzeichnisse sind die beste Quelle für ausführliche Informationen über alle Änderungen. Natürlich gab es solche Änderungen auch bei den südafrikanischen und australischen Versionen des Typ 3. Die Modellspezifikationen konnten voneinander abweichen, und die Änderungen bei den deutschen Fahrzeugen mussten sich nicht unbedingt bei den im Ausland gefertigten Wagen widerspiegeln. Häufig wurden auch örtlich

(Fortsetzung Seite 65)

Ein brandneuer VW 1500N Variant von 1965 vor dem VW-Handelshaus der Cooper Motor Corporation in Nairobi, dem VW-Importeur für Ostafrika. Die reizende junge Dame im Kofferraum ist übrigens Jackie Yowell. Dieses Foto erschien auf dem Titelbild von *Safer Motoring*, der britischen Zeitschrift für VW-Freunde, in der Ausgabe vom Dezember 1965. Als N-Modell hatte dieses Fahrzeug keine Stoßstangenhörner, keine Chromzierleisten, keine Parklichter, kleine Blinker sowie feste hintere Seitenfenster. (Beachten Sie auch die beiden brandneuen T1-Bullies im Hintergrund, einen Lieferwagen mit hohem Dach und einen Krankenwagen.)

Diese offiziellen VW-Werbefotos des 1500N mit Stufenheck lassen das spartanische Erscheinungsbild gut erkennen.

Volkswagen 1500 N Sedan

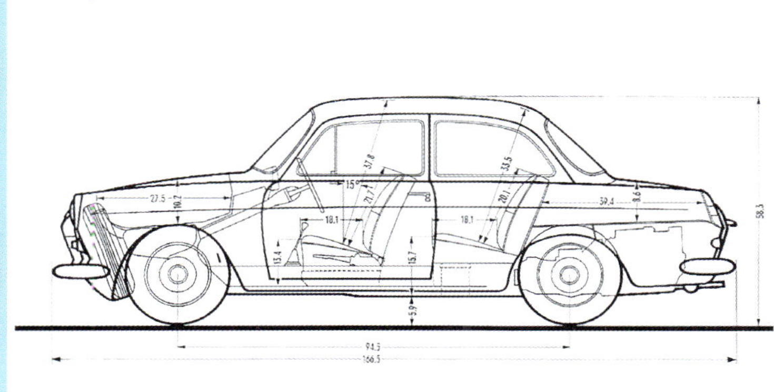

Volkswagen 1500 N Sedan

Construction

Chassis
Central tubular frame with welded on platform.
The rear forks are designed as a subframe which bolts on and carries the transmission units.

Body
All steel bodywork, vibration free and distortion proof, screwed to the frame (unit construction).

Front axle:
Independent suspension, torsion bars, shock absorbers, and stabilizer. Worm and roller steering gear with hydraulic steering damper.

Rear axle:
Independent suspension, torsion bars, shock absorbers.

Dimensions and Weights

Inner dimensions	
Door, clear height/width, ins (cm)	38.9/35.4 (99/90)
Front seats, height, ins (cm)	13.4 (34)
Seat depth, ins (cm)	18.1 (46)
Individual seat width, ins (cm)	21.7 (55)
Body width at seat level, ins (cm)	53.5 (136)
Height of backrest, ins (cm)	21.7 (55)
Shoulder width, ins (cm)	49.2 (125)
Head room (seat not depressed) ins (cm)	37.8 (96)
Adjustment of front seats, ins (cm)	4.3 (11)
Rear seat, height, ins (cm)	15.7 (40)
Seat depth, ins (cm)	18.1 (46)
Width of body at seat level, ins (cm)	53.5 (136)
Backrest, height ins (cm)	20.5 (52)
Shoulder width ins (cm)	49.6 (126)
Head room (seat not depressed) ins (cm)	33.5 (85)
Luggage space, front	
Mean length/width/height, ins (cm)	27.5/39.8/10.2 (70/101/26)
Capacity in cu ft (liters)	6.5 (185)
Luggage space, rear	
Mean length/width/height, ins (cm)	39.4/35.8/8.6 (100/91/22)
Capacity in cu ft (liters)	7.1 (200)
Total capacity in cu ft (liters)	13.6 (385)

Outer dimensions	
Wheel base, ins (cm)	94.5 (240)
Track, front, ins (cm)	51.6 (131)
Track, rear, ins (cm)	53.1 (135)
Overall length, ins (cm)	166.5 (423)
Overall width, ins (cm)	63.4 (161)
Overall height, ins (cm)	58.3 (148)
Ground clearance, ins (cm)	5.9 (15)
Turning circle, ft (m)	36.4 (11,1)
Tires: low section tubeless	6.00 x 15

Weights	
Kerb weight, lbs (kg)	1940 (880)
Max. permissible load, lbs (kg)	881.8 (400)
Permissible total weight, lbs (kg)	2822 (1280)
Axle load front rear, lbs (kg)	1212.5/1653.4 (550/750)
Max. trailer weight with brakes/without brakes, lbs (kg)	1433/1025 (650/465)

Standard Equipment

Individual front seats adjustable whilst driving
Adjustable front seat backrests
Washable head lining and interior trim panels
Mounting points for 4 safety belts
2 clothes hooks and assist straps
2 Wind down windows
1 padded sun vizor — can be swung sideways
2 Ashtrays
Grab handle for front seat passenger
Glove compartment
Panel shelf
Armrests
Door check rods
Adjustable heating
Rear heating vents can be operated from the driver's seat
Adjustable fresh air system
Rheostat adjusted instrument panel lighting
Fuel gauge
Self cancelling flashing indicators
Interior lighting with door contacts
2 Headlights with asymmetric low beam, symmetric lights or sealed beam units where required by law
Pneumatic windshield washer
Tool kit

Engine and Transmission

Engine
air-cooled 4 cylinder 4 stroke horizontally opposed engine in rear of vehicle
Side draught carburettor

Capacity, cu ins (cc)	91.10 (1493)
Bore/Stroke ins (mm)	3.27/2.72 (83/69)
Compression ratio	7.8 : 1
Engine output	
Bhp (DIN) at rpm	45/3800
Bhp (SAE) at rpm	54/4200
Maximum torque lbs/ft at rpm (SAE) (kgm at rpm, DIN)	83.1/2800 (10,8/2000)
Piston speed ft/min at rpm (m/sec at rpm)	1720/3800 (8,74/3800)
Liter performance, Bhp/liter (DIN)	30.1
Power weight kg/Bhp (DIN)	25.6

Transmission
Fully and baulk synchronized 4 gears, floor change

Brakes
Foot brake hydraulic, operating on all 4 wheels, front Duplex, rear Simplex.
Hand brake mechanical, operating on the rear wheels only.

Performance

Maximum speed, mph (km/h)	78—81 (125—130)
Climbing ability, 1 gear %	40
Acceleration 0—50 mph (0—80 km/h), sec	15
Fuel consumption mpg US; mpg Imp (lit/100 km)	28.0; 33.63 (8.4)
Fuel tank capacity, US galls, Imp galls (liters)	10.5; 8.8 (40)
Engine oil change every, miles (km)	3000 (5000)
Oil Refill quantity, US pints; Imp pints (liters)	5.3; 4.4 (2.5)
Inspection service, miles (km)	3000 (5000)
Lubrication service, miles (km)	1500 (2500)
Running-in period	none

Acceleration

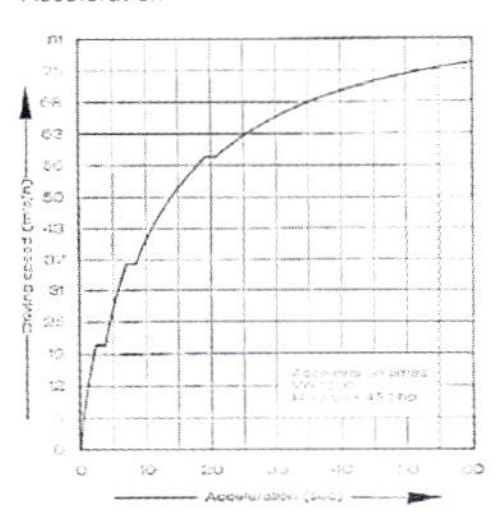

Technische Daten der Stufenheck- und der Variant-Ausführung des 1500N (siehe auch Seite 60)

A new Volkswagen idea: the 1500 and 1500 TS

In Kanada wurden der 1500S mit Stufenheck und der 1500S Variant im Jahr 1965 als 1500TS vermarktet und die Einzelvergasermodelle als 1500. Hier sind nur die TS-Modelle zu sehen. Später wurde die Bezeichnung TS in Australien für den 1600 mit Fließheck verwendet.

VW Variant S

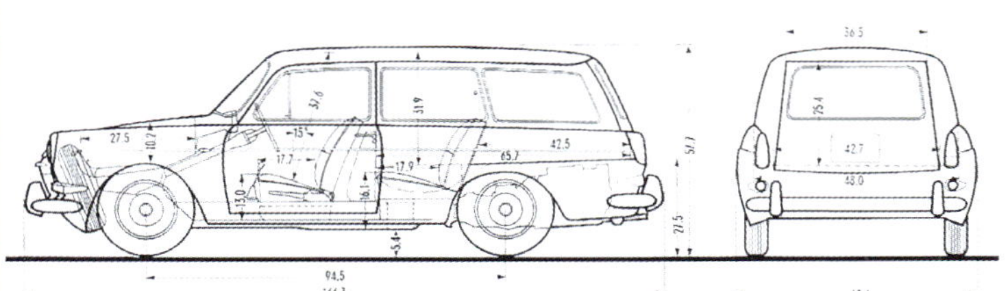

VW Variant N

Construction

Chassis:
Central tubular frame with welded on platform.
The rear forks are designed as a sub-frame which bolts on and carries the transmission units.

Body:
All steel bodywork. Vibration free and distortion proof, screwed to the frame (unit construction).

Front axle:
Independent suspension torsion bars, shock absorbers and stabilizer. Worm and roller steering gear with hydraulic steering damper.

Rear axle:
Independent suspension, torsion bars, shock absorber.

Dimensions and Weights

Inner dimensions

Door clear height/width, ins (cm)	38.9/37.4 (99/95)
Front seats, height, ins (cm)	13.0 (33)
Seat depth, ins (cm)	17.7 (45)
Individual seat width, ins (cm)	20.9 (53)
Body width at seat level, ins (cm)	53.5 (136)
Height of backrest, ins (cm)	22.0 (56)
Shoulder width, ins (cm)	49.2 (125)
Headroom (seat not depressed), ins (cm)	37.6 (96)
Adjustment of front seats, ins (cm)	4.3 (11)
Rear seat, height, ins (cm)	16.1 (41)
Seat depth, ins (cm)	17.9 (46)
Width of body at seat level, ins (cm)	49.4 (123)
Backrest height, ins (cm)	20.1 (51)
Shoulder width, ins (cm)	49.4 (123)
Headroom (seat not depressed), ins (cm)	35.4 (90)
Luggage space, front	
mean lenght/width/height, ins (cm)	27.5/39.8/10.2 (70/101/26)
Capacity in cu ft (liters)	6.5 (185)

Outer dimensions

Wheel base, ins (cm)	94.5 (240)
Track, front, ins (cm)	51.6 (131)
Track, rear, ins (cm)	53.0 (135)
Overall length, ins (cm)	166.3 (423)
Overall width, ins (cm)	63.2 (161)
Overall height, ins (cm)	57.7 (147)
Ground clearance (fully loaded) ins (cm)	5.4 (15)
Turning circle, ft (m)	36.5 (11.1)
Tires: low section tubuless	6.00 x 15
Load Compartment	
Mean length, backrest raised, ins (cm)	42.5 (108)
Mean length backrest lowered, ins (cm)	65.7 (167)
Mean width, ins (cm)	48.0 (122)
Height, ins (cm)	31.9 (81)
Load Compartment, rear cu ft (m³)	42.4 (1.20)
Rear door	
Maximum width, ins (cm)	42.7 (109)
Maximum height, ins (cm)	25.4 (65)
Weights	
Kerb weight, lbs (kg)	2171/2194*) (985/995*)
Pay load, lbs (kg)	827/1014*) (375/460*)
Permissible total weight, lbs (kg)	2998/3208*) (1360/1455*)

*) Increased pay load with M 267

Standard Equipment

Individual front seats adjustable whilst driving
Adjustable front seat backrests
Washable headlining
Mounting points for safety belts
2 clothes hooks and assist straps
2 Wind down windows
1 padded sun Vizor — can be swung sideways
2 Ashtrays
Grab handle for front seat passenger
Glove compartment
Armrests
Door check rods
Adjustable heating
Rear heating vents can be operated from the drivers seat
Adjustable fresh air system
Adjustable instrument panel lighting
Fuel gauge
Self cancelling flashing indicators
Interior lighting with door contacts
2 Headlights with asymmetric low beam or symmetric lights, sealed beam units where required by law
Pneumatic windshield washer
Tool kit

Engine and Transmission

Engine
air-cooled 4 cylinder 4 stroke horizontally opposed engine in rear of vehicle. Side draught carburettor

Capacity, cu ins (cc)	91.10 (1493)
Bore/stroke, ins (mm)	3.27/2.72 (83/69)
Compression ratio	7.8 : 1

Engine output

Bhp (DIN) at rpm	45/3800
Bhp (SAE) at rpm	54/4200
Maximum torque	
lbs/ft at rpm, SAE (kgm at rpm, DIN)	83.1/2800 (10.8/2000)
Piston speed	
ft/min at rpm (m/sec at rpm)	1720/3800 (8.74/3800)
Liter performance, Bhp/liter (DIN)	30.1
Power/weight, kg/Bhp (DIN)	25.6

Transmission
Fully and baulk synchronized 4 gears, floor change

Brakes
Foot brake hydraulic, operating on all 4 wheels, front Duplex, rear Simplex.
Hand brake mechanical operating on the rear wheels only.

Performance

Maximum speed, mph (km/h)	78—81 (125—130)
Climbing ability, 1. gear, %	40
Acceleration 0—50 mph (0—80 km/h), sec	15
Fuel consumption,	
mpg US; mpg Imp (lit/100 km)	28.0; 33.63 (8,4)
Fuel tank capacity, US galls, Imp galls (liters)	10.5; 8.8 (40)
Engine oil change every, miles (km)	3000 (5000)
Oil Refill quantity, US pints; Imp pints (liters)	5.3; 4.4 (2,5)
Inspection service, miles (km)	3000 (5000)
Lubrication service, miles (km)	1500 (2500)
Running-in period	none

Acceleration

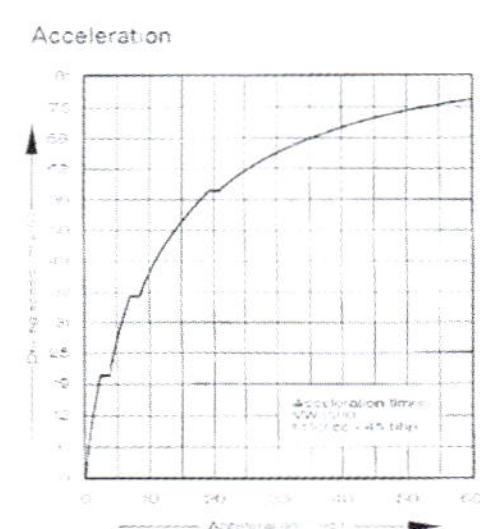

Zwei Werbefotos des Typ 31 1500S mit Stufenheck von Svenska Volkswagen AB

VW Variant S

Standard Equipment

Individual front seats adjustable whilst driving
Adjustable backrests with automatic backrest lock
Washable head lining
Mounting points for safety belts
2 Clothes hooks and assist straps
2 Wind down windows
2 Vent wings
2 Central, hinged windows
2 Padded sun vizors — swivel sideways
3 Ashtrays
1 Grab handle for front seat passenger
1 Glove compartment
4 Arm rests
2 Door pockets
Door check rod
Adjustable fresh air Ventilation system
Adjustable heating
Adjustable instrument panel lighting
Fuel gauge
Electric clock
Headlight flasher
Self cancelling flashing indicators
Parking light
Interior light with door contact switch
2 Headlights with asymmetric low beam, where required by law symmetric light or sealed beam system
Pneumatic windshield washer
Adjustable speed windshield wiper
Self supporting front hood
2 Outside mirrors
Two tone paint finish on request
Completely lined load compartment
Tool kit

Engine and Transmission

Engine

Air cooled 4 cylinder 4 stroke horizontally opposed in rear of vehicle, 2 down draught carburettors.

Capacity, cu ins (cc)	91.10 (1493)
Bore/stroke, ins (mm)	3.27/2.72 (83/69)
Compression ratio	8.5 : 1

Engine output

Bhp (DIN) at rpm	54/4200
Bhp (SAE) at rpm	66/4800
Maximum torque	
ft lbs (SAE) at rpm (kgm at rpm, DIN)	83.2/3000 (10.8/2400)
Piston speed	
ft/min at rpm (m/sec at rpm)	1902/4200 (9.66/4200)
Bhp/lit (DIN)	36.2
Power/weight, kg/Bhp (DIN)	(25.6)

Transmission

Fully and baulk synchronized, 4 gear, floor change

Brakes

Foot brake hydraulic, operating on all 4 wheels, front Duplex, rear Simplex.
Hand brake mechanical, operating on the rear wheels only

Performance

Maximum speed, mph (km/h)	84 (135)
Climbing ability, 1. gear, %	40
Acceleration, 0—50 mph (0—80 km/h), sec	15
Fuel consumption,	
mpg US; mpg Imp (lit/100 km)	30.16; 36.21 (7.8)
Fuel tank capacity, US galls, Imp galls (liters)	10.6; 8.8 (40)
Engine oil change every, miles (km)	3000 (5000)
Oil Refill requirement, US pints, Imp pints (liters)	5.3; 4.4 (2.5)
Inspection every, miles (km)	3000 (5000)
Lubrication every, miles (km)	3000 (5000)
Running-in period	none

VW Variant S

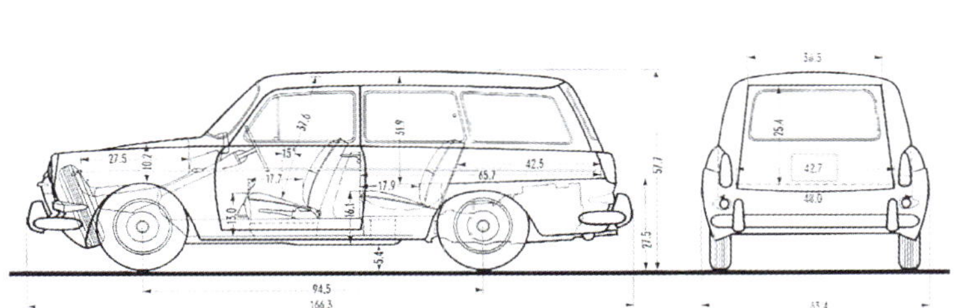

Construction

Chassis:
Central tubular frame with welded on platform.
The rear forks are designed as a sub-frame which bolts on and carries the transmission units.

Body:
All steel bodywork. Vibration free and distortion proof, screwed to the frame (unit construction).

Front axle:
Independent suspension torsion bars, shock absorbers and stabilizer. Worm and roller steering gear with hydraulic steering damper.

Rear axle:
Independent suspension torsion bars, shock absorber.

Dimensions and Weights

Inner dimensions

Door clear height/width, ins (cm)	38.9/37.4 (99/95)
Front seats, height, ins (cm)	13.0 (33)
Seat depth, ins (cm)	17.7 (45)
Individual seat width, ins (cm)	20.9 (53)
Body width at seat level, ins (cm)	53.5 (136)
Height of backrest, ins (cm)	22.0 (56)
Shoulder width, ins (cm)	49.2 (125)
Headroom (seat not depressed), ins (cm)	37.6 (96)
Adjustment of front seats, ins (cm)	4.3 (11)
Rear seat, height, ins (cm)	16.1 (41)
Seat depth, ins (cm)	17.9 (46)
Width of body at seat level, ins (cm)	49.4 (123)
Backrest height, ins (cm)	20.1 (51)
Shoulder width, ins (cm)	49.4 (123)
Headroom (seat not depressed), ins (cm)	35.4 (90)
Luggage space, front	
mean lenght/width/height, ins (cm)	27.5/39.8/10.2 (70/101/26)
Capacity in cu ft (liters)	6.5 (185)

Outer dimensions

Wheel base, ins (cm)	94.5 (240)
Track, front, ins (cm)	51.6 (131)
Track, rear, ins (cm)	53.0 (135)
Overall length, ins (cm)	166.3 (423)
Overall width, ins (cm)	63.2 (161)
Overall height, ins (cm)	57.7 (147)
Ground clearance (fully loaded) ins (cm)	5.4 (15)
Turning circle, ft (m)	36.5 (11.1)
Tires: low section tubuless	6.00 x 15

Load Compartment

Mean length, backrest raised, ins (cm)	42.5 (108)
Mean length backrest lowered, ins (cm)	65.7 (167)
Mean width, ins (cm)	48.0 (122)
Height, ins (cm)	31.9 (81)
Load Compartment, rear cu ft (m³)	42.4 (1.20)

Rear door

Maximum width, ins (cm)	42.7 (109)
Maximum height, ins (cm)	25.4 (65)

Weights

Kerb weight, lbs (kg)	2171/2194*) (985/995*)
Pay load, lbs (kg)	827/1014*) (375/460*)
Permissible total weight, lbs (kg)	2998/3208*) (1360/1455*)

*) Increased pay load with M 267

Technische Daten für den VW 1500S Variant. Die Daten für die Stufenheckausführung sind fast identisch.

Der allererste 1500S im Volkswagen-Museum in Wolfsburg

In dieser Anzeige wirbt der belgische VW Importeur D'Ieteren für den 1500S, abgelichtet neben einer Boeing 707. Die Anzeige erschien in der Sabena Revue 2/1964, einem hauseigenen Magazin der gleichnamigen Fluggesellschaft.

Vorder- und Rückseite eines rechtsgesteuerten 1500S mit Stufenheck von 1963. Beachten Sie die optionalen Zusatz- und Rückfahrscheinwerfer. Das Auto wurde zwar in Deutschland gebaut, doch bei der Restaurierung wurde die Grenzlinie zwischen den verschiedenen Bereichen der Zweifarben-Lackierung an der Stelle gezogen, die bei australischen Modellen üblich war.

Die einzigen nicht authentischen Elemente sind die Vordersitze mit hoher Lehne, die von einem Typ 3 des Jahres 1971 stammen, und die Grenzlinie der beiden Farbflächen. Die Lackierung folgt jedoch der korrekten Farbpalette mit Seeblau und Perlweiß.

Armaturenbrett mit Tasten in einem 1500S von 1963: Dieses Fahrzeug verfügt auch über den optionalen Original-VW-Drehzahlmesser anstelle der Uhr. Außerdem hat es eine „umlaufende" Armaturenbrettverkleidung, die sich an der Tür fortsetzt.

Die Tasten auf dem Armaturenbrett eines 1500S von 1963: Sie wurden im August 1963 mit der Fahrgestellnummer 227 000 eingestellt.

Ein entzückender, in Deutschland gefertigter VW 1500S mit Stufenheck von 1963 in für dieses Modell optional erhältlichen Zweifarbenlackierung.

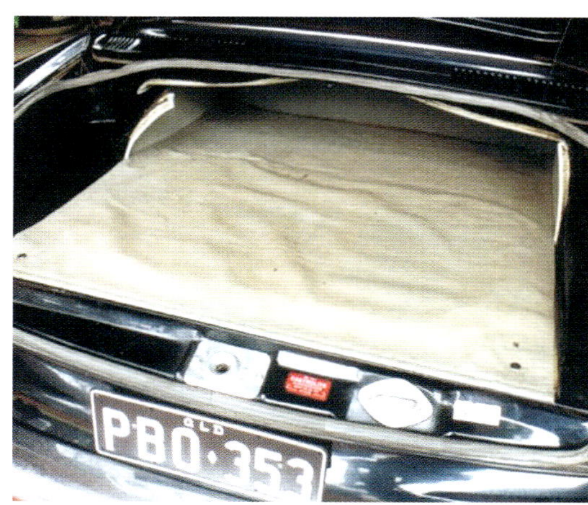

Der hintere Kofferraum lag über dem Motor – ein Merkmal, das alle Typ 3 mit gemein hatten.

VW-Pressefotos eines frühen 1500S: Das Armaturenbrett hat Tasten und eine umlaufende Verkleidung, die sich an den Türen fortsetzt.

Das Drucktasten-Armaturenbrett eines 1500S von 1963 während der Fahrt. Dieses schnelle Fahrzeug war gut für die Autobahn geeignet. Der halbe Ring an der Hupe war übrigens meistens, aber nicht immer, ein Kennzeichen der S- und der späteren L-Modelle.

The VW Idea in the 1.5 Litre Class

Prospekt für den 1500S aus dem Jahr 1964

Volkswagen experimentierte auch mit einem viertürigen 1500S (unter der Bezeichnung EA 160). Ohne eine Verlängerung des Chassis zur Aufnahme der zusätzlicher Türen wären die Vordertüren jedoch zu klein ausgefallen, weshalb der Plan fallengelassen wurde.

Adrett gekleidete junge Damen kurz vor einer Spritztour mit ihrem glänzenden neuen 1500S von 1964.

Vorderansicht (oben) und Rückansicht des Chassis eines VW 1500S ohne Motor. Die vordere Torsionsstange und die Stabilisatoren sind gut zu erkennen.

Chassis eines VW 1500S mit Motor von oben und von unten gesehen.

Getriebe und Pendelachsen eines 1500S

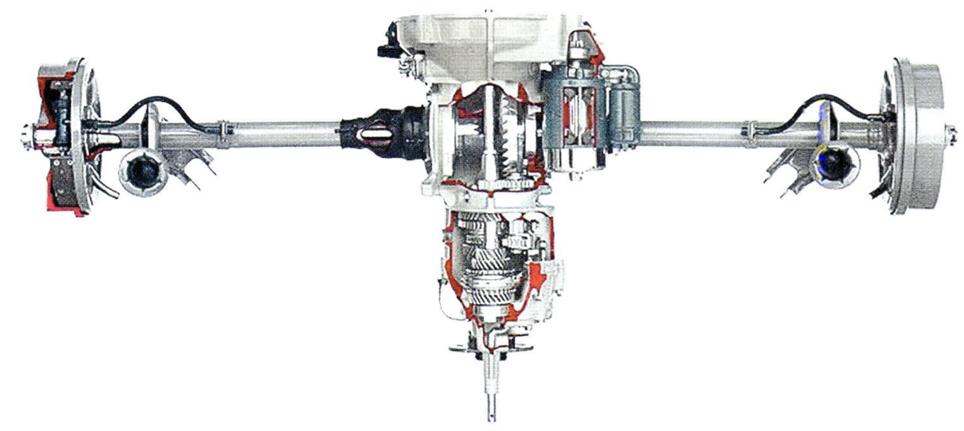

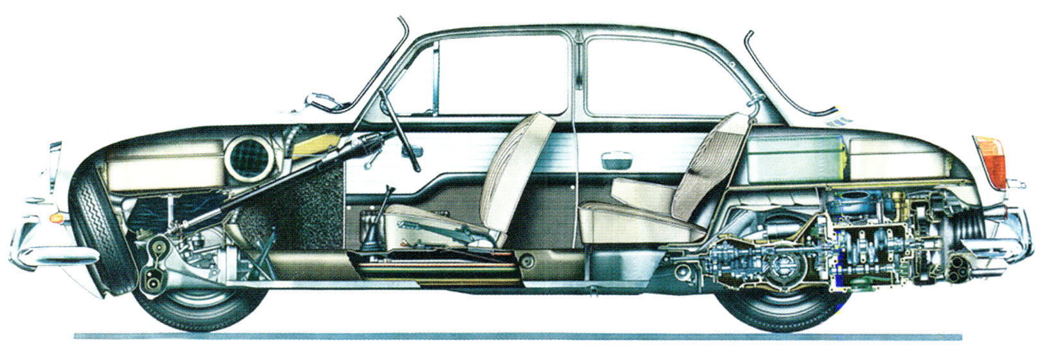
Schnitt durch einen 1500S. Auffällig sind die flossenförmigen Heckleuchten.

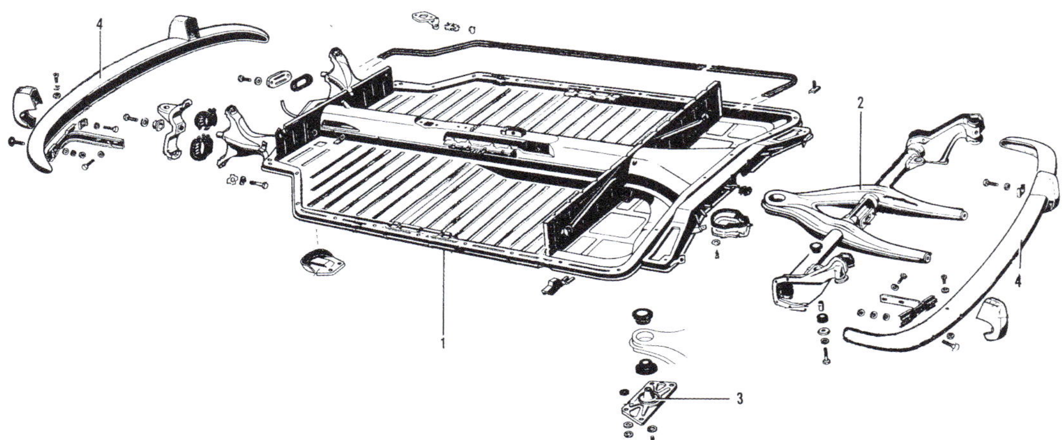

Neben der Breite unterscheidet sich das Chassis des Typ 3 vom Käferchassis (Typ 1) vor allem durch den Hilfsrahmen am hinteren Ende, auf den Getriebe, Motor und Hinterachsaufhängung geschraubt wurden. Außerdem sind alle Befestigungspunkte in Gummi gelagert und geräuschgedämmt. Auch die Drehstäbe der Vorderachse sind mit Gummiauflagen versehen.

Um 1965 bewarb Volkswagen den 1500S Variant als Freizeitauto für die Familie. Kinder ohne Sicherheitsgurte, während Papa um die Kurven donnert! Das waren die „unbeschwerten“ 60er!

Einige Stufenhecklimousinen der Modelle 1500S und 1500N auf dem Auslieferungshof des Wolfsburger Werks

Schriftzug am Heck eines 1500S Variant

VW 1500S Variant von 1963. Beachten Sie den kleinen Kofferraumgriff, durch den sich alle 1500S auszeichneten.

Schriftzug am Heck eines 1500S mit Stufenheck

Werbung in der Zeitschrift *Safer Motoring* aus dem Jahr 1964

Schriftzug am Heck eines 1500S Variant mit Einzelvergaser

Schriftzug am Heck eines 1500S in Stufenheckausführung mit Einzelvergaser

hergestellte Teile verwendet, die sich von denen aus Deutschland unterschieden. So wurden in den südafrikanischen und australischen Fahrzeugen zeitweilig vor Ort hergestellte Elektrobauteile von Lucas statt von Bosch verwendet.

Farben

Fast in jedem Produktionsjahr gab es Änderungen bei der Farbpalette und den möglichen Kombinationen zwischen Farben, Polstern und Innenverkleidung. Eine vollständige, nach Fahrgestellnummern (Vehicle Identification Number, VIN) sortierte Liste der Farben und Änderungen finden Sie auf *http://www.thesamba.com/vw/archives/info/paintcodestr3.php* sowie auf *https://www.typ3.de/index.php?page=farbkombinationen*. Ein Abdruck dieser hervorragenden und genauen Aufstellung würde mehrere Seiten verschlingen. Der in Osnabrück gefertigte Karmann-Ghia Typ 34 hatte andere Farbpaletten und Innendekors als der Wolfsburger Typ 3. Die in Australien und Südafrika gebauten oder endmontierten Fahrzeuge hatten ebenfalls eigene Farben, Polsterbezüge und Innendekors und werden in der Liste von The Samba nicht aufgeführt.

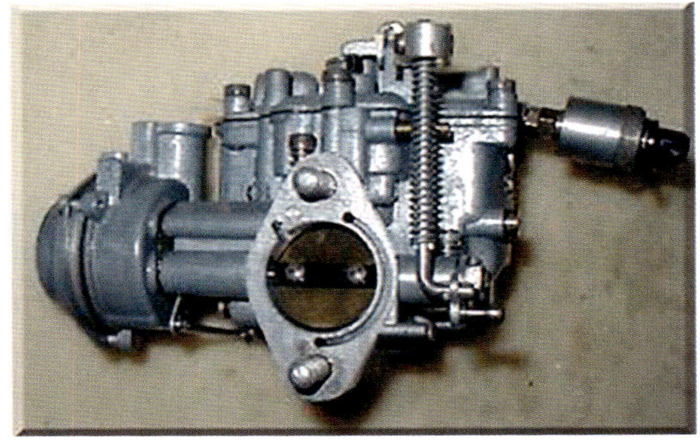

Ein Querstromvergaser vom Typ Solex 32 PHN, wie er in den Fahrzeugen mit Einzelvergaser verwendet wurde.

In den 1500S-Modellen mit Zweivergaser-Anlage wurden jeweils zwei Fallstromvergaser vom Typ Solex 32 PDSIT verbaut. Im Bild ist die modifizierte Version 32 PDSIT-2, die ab Anfang 1965 zum Einsatz kam.

Rückansicht eines 1500S-Motors mit Zweivergaser-Anlage. Das Kühlgebläse wird direkt vom Ende der Kurbelwelle angetrieben, nicht über einen Riemen von der Kurbelwelle wie beim Käfermotor mit stehendem Gebläse. Auch bei Typ-3-Motoren gibt es einen Riemen, der aber die Lichtmaschine antreibt. Wenn bei einem solchen Fahrzeug der Riemen reißt, führt das daher nicht zu einer Überhitzung des Motors, sondern lediglich dazu, dass die Batterie nicht mehr geladen wird. Man kann jedoch je nach Zustand der Batterie und den äußeren Einflüssen (Scheibenwischer, Fahrlicht) noch einige hundert Kilometer fahren.

Oben: 1500-Motor mit einzelnem Querstromvergaser. Unten: 1500S-Motor mit zwei Fallstromvergasern, die über den schwarzen Ölbad-Luftfilter zusammen mit Frischluft versorgt werden. Die blauen Zündkabel sind nicht authentisch, aber bei diesem ansonsten großartigen 1500S von 1963 ist das nur ein Detail.

Tür eines sehr frühen 1500. Sie hat noch die raren Klapptürfächer mit einer Schnalle als Verschluss.

Diese Tür eines späteren 1500S weist bereits das elastische Türfach in beiden Türen auf. Bei den N- und A-Modellen gab es entweder nur ein Fach in der Fahrertür oder gar keines.

Standardpolsterung, im Uhrzeigersinn von links oben: Rücksitz mit Armlehne eines 1500 mit Stufenheck; Vordersitze eines 1500 mit Stufenheck; Rücksitze eines 1500S Variant. Die hintere Mittelarmlehne war übrigens über die gesamte Produktionszeit für die Limousinen als Extra bestellbar.

Ein Typ 3 mit Stahlschiebedach

Ein schöner VW 1500S Variant im Besitz von Scott Taylor

Von links nach rechts: Stromlinienförmiger Blinker eines 1500S; Heckfinne mit Rücklichtern und stromlinienförmiger Rückstrahler eines 1500S; verchromter Tropfenblinker eines frühen Stufenheckmodells; abgeschrägte Rücklichter und kleine, lackierte Rückstrahlergehäuse der frühen Stufenheck- und Variantmodelle. Hinweis: Alle N-Modelle (ab August 1963) verfügten über Tropfenblinker vorn und über Rückstrahler in lackierten Gehäusen, aber nicht über Stoßstangenhörner.

Kleiner, dekorativer Kofferraumgriff an der Vorderkante des Deckels für den vorderen Kofferraum auf einem 1500S

Offener vorderer Kofferraum eines 1500S

Aufklappbare mittlere Seitenfenster eines 1500 Variant

Die Grenzlinie bei der Zweifarblackierung auf deutschen 1500S mit Stufenheck

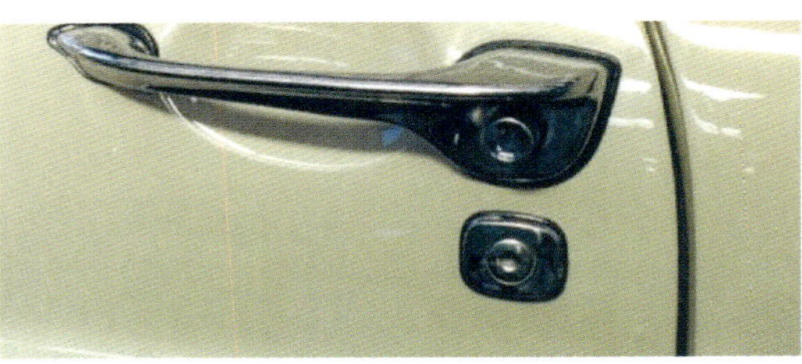

Äußerer Türgriff mit Druckknopf, wie er von 1961 bis 1967 bei allen Typ-3-Modellen verbaut wurde.

Die Armaturenbretter der ersten Fahrzeuge vom Typ 3 hatten nicht nur Drucktasten, sondern auch eine „umlaufende“ Verkleidung.

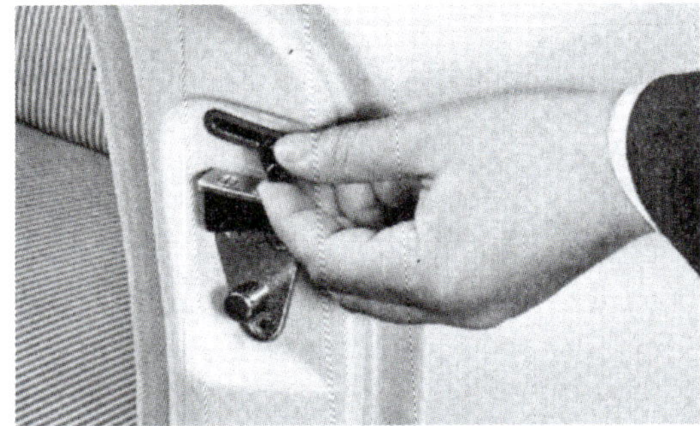

Der kleine Hebel in der Türsäule der Limousinen (Stufen- und Fließheck), mit dem sich der hintere Kofferraum öffnen ließ

Die ursprüngliche Form des Außenspiegels bei den ersten Typ-3-Modellen

Der normale Außenspiegel von 1963 bis zum Modelljahr 1968.

Typischer Innenraum eines 1500 nach April 1964: keine umlaufende Armaturenbrettverkleidung mehr, weiße Zugschalter statt Tasten und eine einfache Armstütze an der Tür. Dieses Foto stammt nicht von einem N-Modell.

Türverkleidung an der 1500er Stufenhecklimousine des Autors von 1964. Ein Türfach gibt es nur auf der Fahrer- und nicht auf der Beifahrerseite, und die Armstütze ist nicht so elegant wie beim 1500S.

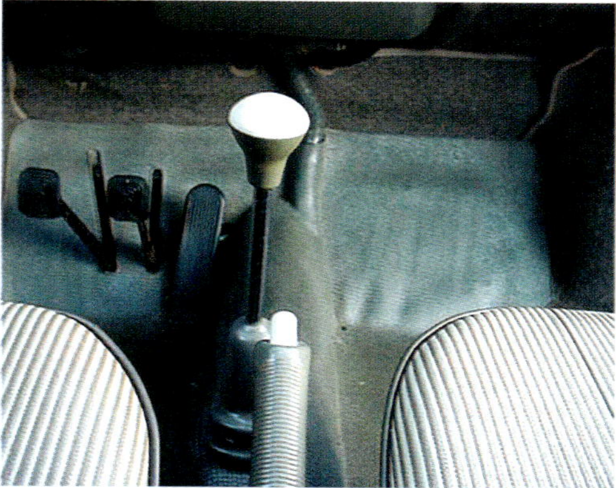

Im Uhrzeigersinn von oben links: Aschenbecher im Armaturenbrett der frühen Modelle; Aschenbecher hinten; zweifarbiger Schalthebel; Zugschalter, die seit August 1963 die frühere Tastenreihe ersetzten. Bei dem hier gezeigten Bild – vom Auto des Autors – war der Schlitz für die Tastenreihe von VW noch mit schwarzem Kunststoff verkleidet. Wenige Wochen nach der Umstellung aber waren die Armaturenbretter mit Schlitz aufgebraucht. Von da an wurden nur noch Armaturenbretter mit zwei runden Öffnungen für die Schalter verwendet.

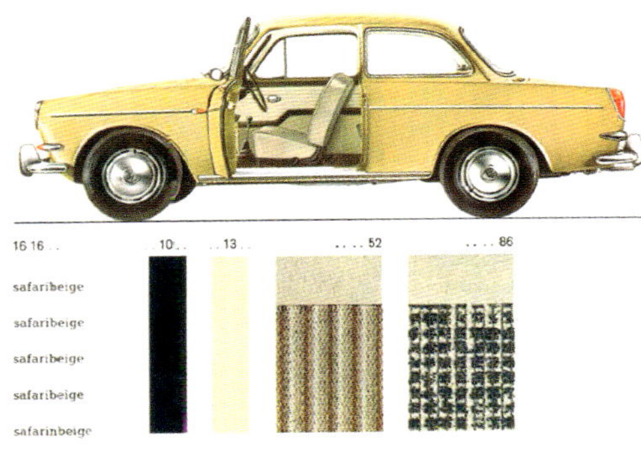

Die beiden Farben und Innenverkleidungen, die für die schwedischen 1500S-Stufenhecklimousinen von 1963 bis 1965 erhältlich waren. Die Sitze waren im „Salt'n'Pepper"-Design bezogen.

Ein typisches Sitzbezugmuster. Die Bezüge waren sehr strapazierfähig und sind auch nach 50 Jahren teilweise noch in recht gutem Zustand.

Vorderer Kotflügel eines frühen 1500. Beachten Sie die Position der kleinen Begrenzungs-/Parkleuchte und die Felgenfarben.

Vorderer Kotflügel eines 1500S und die neue Position der Park-/Begrenzungsleuchte. Sie wurde auf Fahrzeugen, die damit ausgestattet waren, bis 1971 beibehalten. Danach entfielen die Parkleuchten, weil das Standlicht im Hauptscheinwerfer als Parklicht geschaltet wurde.

Der Zwei-Hebel-Türgriff aus den Modellen bis 1967. Der kleine obere Hebel ist für die Verriegelung da. Knäufe waren gewöhnlich weiß, auch der an der Fensterkurbel.

Schriftzug auf den ersten Stufenheckmodellen von 1961 bis 1962

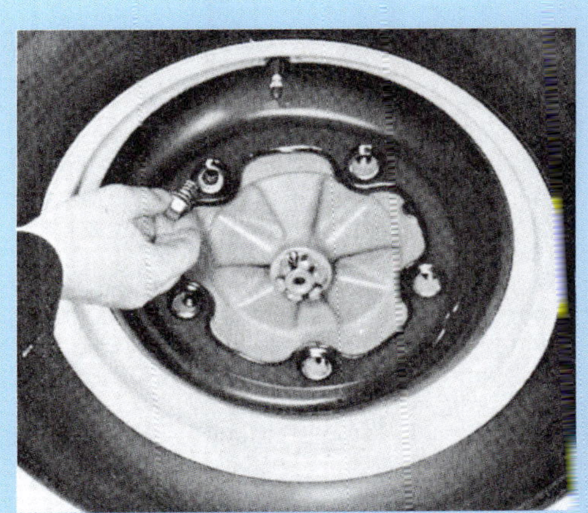

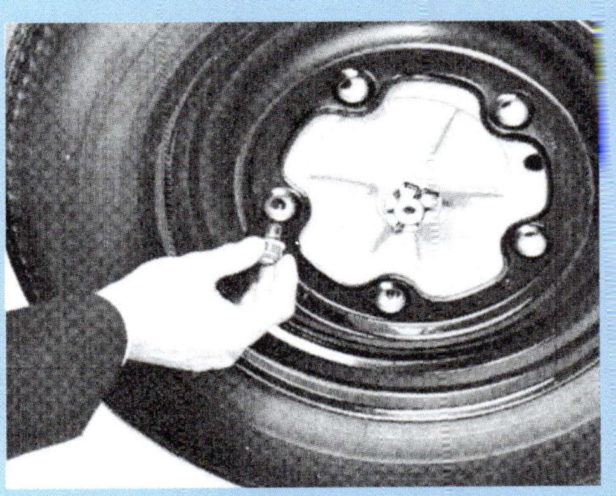

Offene Felgen mit fünf Radmuttern; von oben nach unten: schwarze Felgen des 1500 und 1500N mit weißem oder cremefarbenem Rand; komplett schwarze Felgen des 1500S; schwarze 1500S-Felge mit Radkappe und dem Aluminiumzierrand, der bei diesem Modell verwendet wurde.

Volkswagen baut immer noch besonders ausgestattete Fahrzeuge für Polizei und Rettungskräfte. Das Bild zeigt das Kommunikationssystem in einem frühen Variant-Modell für die Feuerwehr.

Ein Variant N der Deutschen Bundespost

Ein Variant von 1963 im Dienst der Deutschen Bundespost

Trauriges Ende eines 1964er Variant N, abgestellt im Busch in der Nähe von Miles im westlichen Queensland in Australien: Er kann hier zwar nicht rosten, aber Vandalen werden Schießübungen daran veranstalten, und eines Tages wird ein Buschfeuer ihn völlig ruinieren.

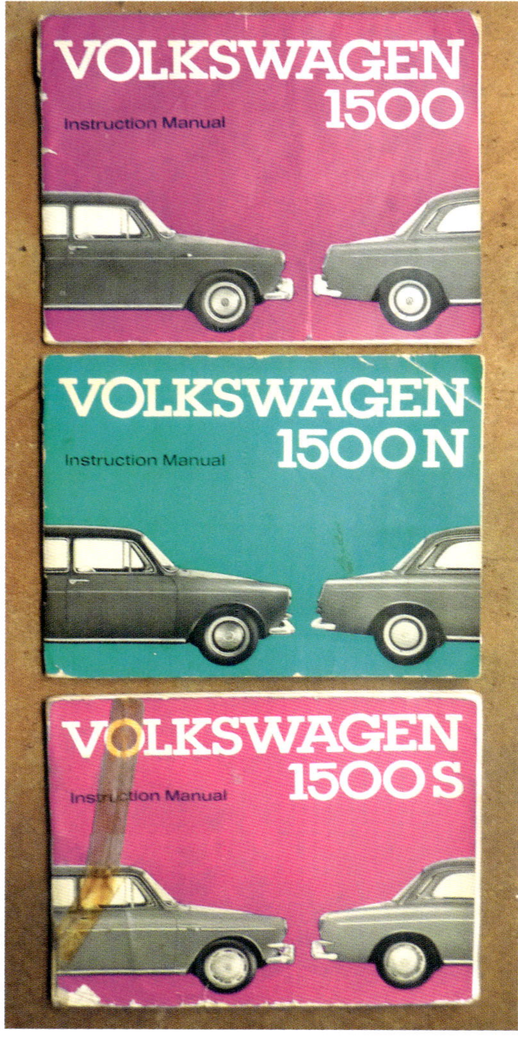

Betriebsanleitung im Handschuhfach für den 1500, 1500N und 1500S

Frühe Modelle des 1500 Typ 3 im Einsatz bei der deutschen Feuerwehr und Polizei

Bei vielen, aber nicht allen Fahrzeugen der Modelle 1500 hatten die Felgen die gleiche Farbe wie die Karosserie.

Adjusting the Valves

The valves must only be adjusted when the engine is cold or slightly warm. The valve clearance for the intake and the exhaust valves is 0.10 mm (.004").

When adjusting, both valves must be closed, i. e. the piston of the corresponding cylinder must be at T.D.C. of the compression stroke. The arrangement of the cylinders can be seen by the numbers 1 to 4 on the engine cover plates. Valve adjustment is carried out in the following sequence: cylinders 1 2, 3, 4.

Remove intake housing cover.

Remove distributor cap.

Turn the engine from the generator until the rotor arm points to the No. 1 cylinder mark on the rim of the distributor.

Remove cylinder head cover.

Loosen the adjusting screw lock nuts for the valves of No. 1 cylinder.

Adjust valve clearance with a feeler gauge.

Hold the adjusting screws and tighten the lock nuts.

To adjust the valves for cylinders No. 2, 3 and 4, the engine is turned further anti-clockwise until the rotor arm is 90° offset each time.

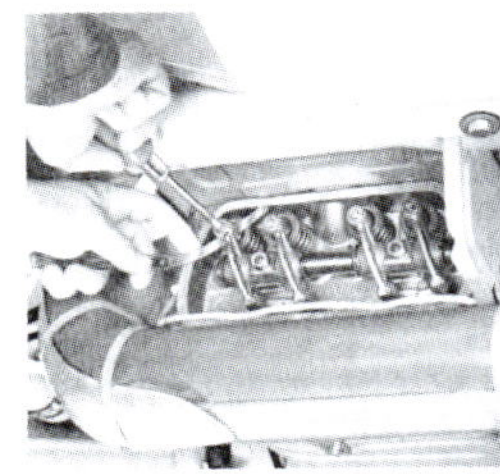

Eine Seite der Betriebsanleitungen im Handschuhfach aus der vorherigen Abbildung. Diese Bücher sind außerordentlich detailliert und nützlich. Sie erklären, wie man eine Schmierung durchführt, den Kraftstofffilter reinigt, den Zündzeitpunkt ohne Stroboskop einstellt, die Unterbrecherkontakte, die Ventilstößel, den Vergaser, das Kupplungsspiel, die Vorderradlager und die Bremsen einstellt und sogar, wie man die Bremsen entlüftet – lauter Vorgänge, die in einer modernen Betriebsanleitung NICHT beschrieben werden. Erstens sind die Autos von heute viel zu kompliziert, und zweitens wollen die Hersteller diese Dienstleistungen selbst verkaufen. Mein erster VW war ein Variant N von 1964, und dank der Betriebsanleitung konnte ich den Wagen Ende der 60er Jahre auch in abgelegenen Gegenden von Zentralafrika in Schuss halten.

Produktionszahlen 1961 bis 1965

Von Beginn der Produktion bis zum Ende des Modelljahrs 1965 (31. Juli 1965) wurden einschließlich des Typ 34 und der australischen und südafrikanischen Fahrzeuge jeweils folgende Stückzahlen produziert:

1961	**10.676 (einschließlich der 13 Vorproduktionsexemplare, die 1959 und 1960 gebaut wurden)**
1962	**127.324**
1963	**181.809**
1964	**262.020**
1965	**261.915**

Das sind nicht gerade kleine Zahlen. Der VW 1500 erwies sich von Anfang an als Erfolg. Erst im Modelljahr 1966 hatte Volkswagen das Gefühl, der Nachfrage mit seiner Produktion gerecht zu werden, und begann den Export in die USA. Bei den einzigen Exemplaren des Typ 3, die vor dem 1966er Modell dort verkauft worden waren, handelte es sich um Grauimporte, die privat – teils von heimkehrenden Militärangehörigen – aus Kanada oder Europa eingeführt wurden. Während der gesamten Produktionszeit des Typ 3 von 1961 bis 1973 bot VW die Stufenheckversion zu keiner Zeit offiziell auf dem US-Markt an.

Zwei Typ 3 der ersten Produktionsjahre, die sich früher in meinem Besitz befunden haben: ein 1964er 1500N Variant und ein 1964er 1500 mit Stufenheck. Der Variant mit dem Nummernschild von Ndola in Sambia gehörte früher einem Vertreter von Peter Stuyvesant. Dieses herrliche Auto brachte mich auf vielen ziemlich haarsträubenden Abenteuern durch Sambia, Simbabwe, Botswana und den vom Bürgerkrieg zerrissenen Kongo. Die Stufenhecklimousine mit Nummernschild von Queensland lief im September 1963 in Wolfsburg vom Band und wurde als Neuwagen nach Australien importiert. 2001 wurde sie auf einem Schrottplatz gefunden, wo sie zerlegt und als Altmetall nach Korea geschickt werden sollte. Sie war ziemlich heruntergekommen. Auch wenn der Rost nur oberflächlich war, hatte der Wagen eine Restaurierung dringend nötig. Inzwischen ist das Fahrzeug wiederhergestellt.

Damals mühsame Handarbeit: Punktschweißen an der Rohkarosserie des Typ 3 in Wolfsburg.

In der Mai-Ausgabe 1964 von *Safer Motoring* zeigten sich Testfahrer des VW 1500S Variant erstaunt über die Geschwindigkeit. Sie veröffentlichten dieses Foto, auf dem zu erkennen ist, dass der Wagen mehr als 100 mph (160 km/h) erreicht.

Im Januar 1962 kam der erste rechtsgelenkte VW 1500 nach Großbritannien. Er musste noch mit einem Kran aus dem Laderaum des Schiffes gehievt werden, da es damals noch keine Containerschiffe oder RoRo-Autotransporter gab. Im Hintergrund hängt noch ein Bulli T1 am Kran.

Eine schweizerische Filmcrew mit einem der ersten VW 1500 mit Stufenheck mit einem Nummernschild aus Grisons im Kanton Chur (*Safer Motoring*, März 1962)

In den 60er Jahren nutzte der Automobilclub der Schweiz die ersten Variant 1500N als Fahrzeuge für die Pannenhilfe. (Foto aus der australischen Zeitschrift *VW Transport Magazine*, Februar 1964)

Titelbild der August-Ausgabe 1962 von *Safer Motoring*. Die Redaktion liebte den neuen Volkswagen. Man fragt sich nur, warum die junge Dame auf einem alten Reifen steht ...

Schon sehr früh in der Produktionszeit des Typ 3 bewarb Volkswagen den schnellen Wartungs- und Reparaturdienst.

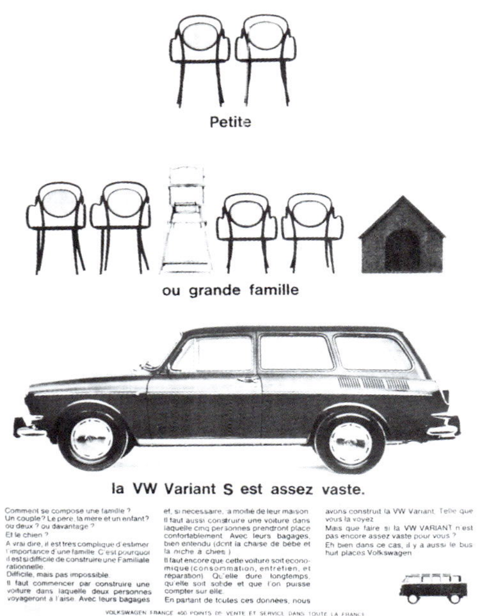

Werbung für den 1963er 1500S Variant in der französischen Zeitschrift *Paris Match*

Werbefoto von Volkswagen: Eine Vorzeigefamilie der 60er Jahre fährt mit dem VW 1500S zum Picknick.

Dieses VW-Werbefoto dagegen zeigt offensichtlich ziemlich wohlhabende Personen mit einem sehr frühen 1500.

Vielen Dank an DG Allen, Scott Taylor, Magnus Wiksten, Stiftung AutoMuseum Volkswagen und den Zeitschriften *Safer Motoring*, *Gute Fahrt* und *Modern Motor* für die Fotos in diesem Kapitel.

Kapitel 9
1966 bis 1969

In diesem Kapitel geht es um die in Deutschland hergestellten Exemplare mit den Fahrgestellnummern 316 000 001 bis 319 500 000, also diejenigen bis einschließlich Modelljahr 1969 (wobei die letzte Fahrgestellnummer nur angenommen ist). Zu Anfang dieser Jahre umfasste die Produktion des Typ 3 vier Grundmodelle: die Stufenhecklimousine (Typ 31), die Fließhecklimousine (ebenfalls Typ 31), den Variant (Typ 36) als Kombi oder Kastenwagen und den Karmann-Ghia 1600 Coupé (Typ 34).

Das Modelljahr 1966 ist wegen der Einführung der Fließheckvariante, des 1600er Motors mit Zweivergaser-Anlage und der vorderen Scheibenbremsen von großer Bedeutung. Außerdem war dies das erste Jahr, in dem der Typ 3 auch in den USA verkauft wurde, allerdings nur in der Fließheck- und Variantausführung. Allerdings wurde der Name Variant in den USA nicht verwendet; dort wurde das Fahrzeug unter der Bezeichnung Squareback vermarktet. Manche meinen, der Grund dafür wäre die Ähnlichkeit mit dem Modellnamen Valiant von Chrysler gewesen. Auch in Australien, wo der Chrysler Valiant ebenfalls auf dem Markt war, wurde die Bezeichnung Variant ebenfalls nicht verwendet. Allerdings hieß der Kombi in Südafrika Variant, obwohl auch dort der Valiant weit verbreitet war.

Alle US-Fließheckexemplare waren genauso ausgestattet wie die Spitzenmodelle des 1600TL mit Fließheck in anderen Ländern. Die Ausstattungsmerkmale der US-Fließhecklimousinen wurden wie im neuen Variant 1600L auch in den US-Squarebacks verwendet. Bei der Einführung des Typ 3 auf dem US-Markt erhielten die Amerikaner also alle Ausstattungsmerkmale der Spitzenklasse. Das blieb bis zu den letzten Modellen von 1973 so. Allerdings hatten alle Modelle immer noch die 6-V-Anlage, sofern die 12-V-Option M 630 nicht ausdrücklich bestellt wurde. Die Fünfloch-Felgen wurden durch neue Vierloch-Felgen ersetzt.

Welche Versionen in anderen Ländern erhältlich waren, hing davon ab, was der Generalimporteur bestellte. In Deutschland waren alle Versionen verfügbar:

Drei Ansichten eines US-Fließheckmodells von 1966. Die US-Version war größtenteils so ausgestattet wie der frühere 1500S mit Stufenheck, hatte jedoch abgesehen von der anderen Heckform einen 1600er Motor und Scheibenbremsen vorn. Wie bei den TL-Fließhecklimousinen und den Variant- und Stufenheckmodellen der Ausführung L zog sich der Griff des vorderen Kofferraums über die ganze Breite der Haube. Außerdem hatten die Fahrzeuge gelochte Felgen mit vier Radmuttern, um die Kühlung der Scheibenbremsen zu fördern, und neu gestaltete Radkappen.

1. 1600L Variant, 1600L mit Stufenheck (im Modelljahr 1966:1500A) und 1600TL mit Fließheck. Die Fahrzeuge hatten einen Motor mit 1584 cm^3 und Zweivergaser-Anlage, Scheibenbremsen an den Vorderrädern und viele andere Ausstattungsmerkmale wie Stoßstangenhörner, Begrenzungsleuchten, Chromleisten an der Seite, einen längeren Kofferraumgriff, mehr Aschenbecher, elegantere Armstützen an den Türen usw. Die Felgen waren schwarz lackiert, da sie mit gelochten Aluzierringen ausgestattet waren. Allerdings wurden L-Modelle manchmal mit der Option M 003 bestellt, einem 1493-cm^3-Motor mit

(Fortsetzung Seite 80)

Ein europäischer 1600A Variant von 1966 mit den Extras der L-Ausführung

Ein US-Squareback von 1966 mit allen Extras, aber ohne Begrenzungslichter, dafür mit den in Amerika so beliebten Weißwandreifen.

US-Ausführung einer 1600er Fließhecklimousine von 1967. Beachten Sie die dünnen Chromleisten. Das Modell von 1967 hatte noch die Türgriffe mit Druckknopf aus den ersten Produktionsjahren.

Ein schwedischer 1600TL von 1966: Die Fahrzeuge dieses Modelljahrs sind an den dickeren Chromleisten zu erkennen. (Werbefoto von Svenska Volkswagen AB)

Zwei Bilder eines VW 1500A mit Stufenheck von 1966, oben aus einem deutschen, unten aus einem französischen Prospekt. Die Fahrzeuge sind sehr schlicht gehalten und wurden oft für den Fuhrpark von Unternehmen und Behörden verwendet.

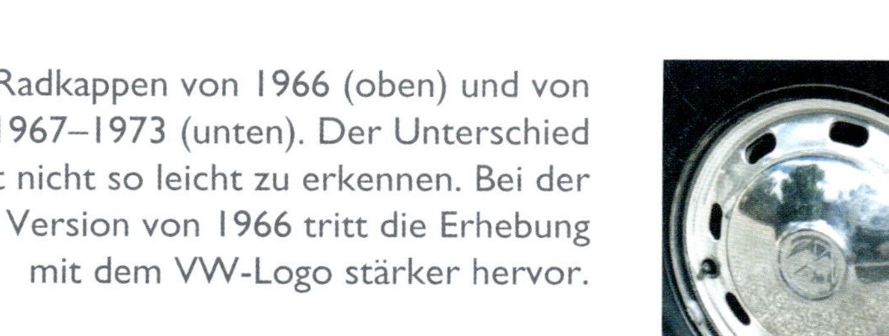

Radkappen von 1966 (oben) und von 1967–1973 (unten). Der Unterschied ist nicht so leicht zu erkennen. Bei der Version von 1966 tritt die Erhebung mit dem VW-Logo stärker hervor.

Von oben nach unten: Zugschalter am Armaturenbrett 1966, 1967 und 1968–1973

1966 wurden die Türgriffe mit Doppelhebel zum letzten Mal verbaut (links) – ab Modelljahr 1967 hatten die Griffe nur noch einen Hebel (Mitte) und einen zusätzlichen Verriegelungsstift (rechts). Ab 1968 trug dieser Stift einen dickeren Kopf.

Innenseite der Türen 1967: Die A-Version hatte nur eine einfache Armstütze, die L-Version bekam die elegantere Ausführung. Die Türgriffe nutzen bereits die Einhebelmechanik. Im unteren Bild ist auch die Fensterkurbel zu erkennen, die es in dieser Form – als verchromter Hebel mit schwarzem Gummiknauf – nur in den Modellen von 1967 gab. Der Hebel am Ausstellfenster ist nach wie vor verchromt.

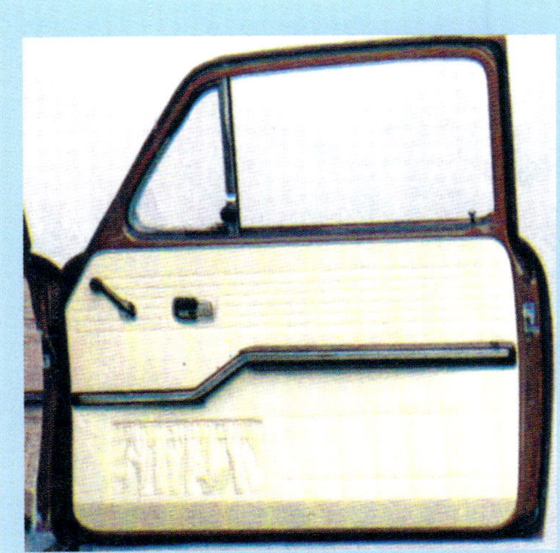

Türinnenseite bei den ersten 1968er L-Modellen: Türgriff und Verriegelungsstift sind moderner gestaltet. Bei der Fensterkurbel sitzt ein schwarzer Knauf mit einem teilweise mit Kunststoff verschaltem Hebel.

Türinnenseite späterer L-Modelle von 1968 mit einfacherer Armstütze aus Kunststoff

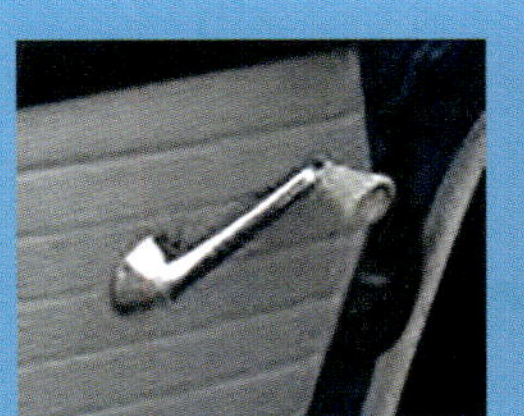

Fensterkurbel des Typ 3, von links nach rechts: 1961–1966, 1967, 1968–1971, 1972–1973

Im Uhrzeigersinn von oben links: Aschenbecher bis einschließlich Modelljahr 1967, von 1968 bis 1970 und von 1971 bis 1973

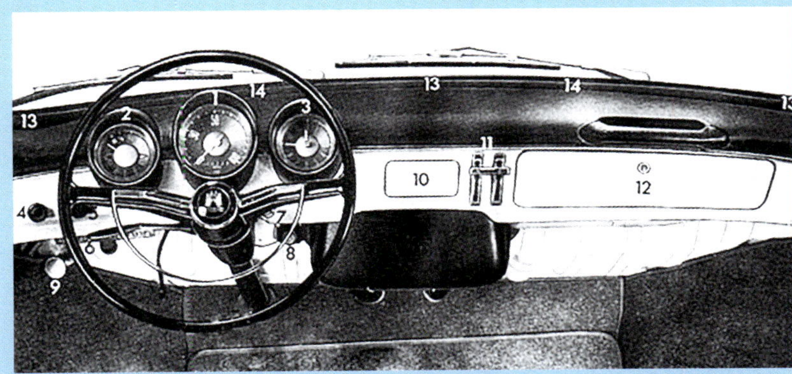

Das Armaturenbrett von 1967 ist praktisch identisch mit dem von 1966. Beachten Sie die Hebel für die Frischluftzufuhr und den Druckknopf zum Verschließen des Handschuhfachs.

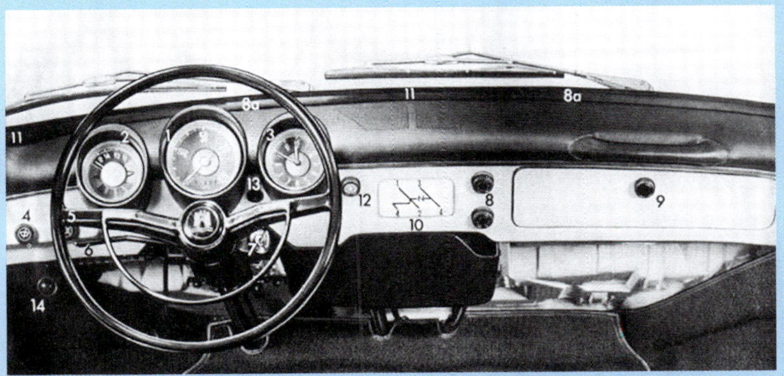

Das Armaturenbrett von 1968 ist fast identisch mit dem von 1969 und 1970. Für die Frischluftzufuhr gibt es jetzt runde Knöpfe. Auch der Verschluss des Handschuhfachs wurde geändert.

1961–1967

1968–1969

Nur 1968

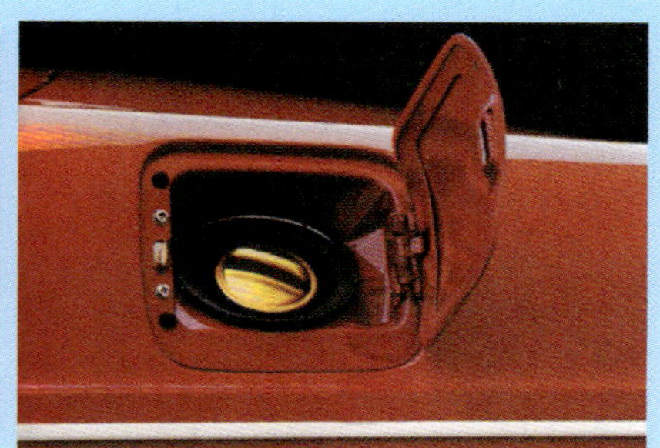
1969–1973

Änderungen am Tankeinfüllstutzen: Die Modelle des Jahres 1967 waren die letzten, bei denen das Benzin über einen Tankstutzen neben dem Reserverad unter der vorderen Kofferraumhaube eingefüllt wurde. Die 1968er Modelle hatten eine Klappe am rechten Kotflügel, die von Hand geöffnet werden musste. Kennzeichnend dafür war eine Vertiefung, in die man mit dem Finger eingreifen konnte. Diese Mulde gab es ausschließlich im Modelljahr 1968. Ab Modelljahr 1969 erfolgte das Öffnen der Klappe von innen über einen Bowdenzug. Die Klappe wurde jetzt über einen Bodenzug unter der rechten Seite des Armaturenbretts geöffnet. Das verhinderte, dass Diebe den Kraftstoff abpumpen oder Vandalen Sand oder Zucker einfüllen konnten. Ein abschließbarer Tankdeckel war daher nicht mehr nötig. Wenn sich das Kabel löste, hatte man jedoch ein ernstes Problem.

Die hinteren Lüftungsschlitze an den Fließheck- und Variant-Modellen änderten sich. Bis 1968 zeigten die Öffnungen nach hinten (links), ab 1969 nach vorn (rechts). Auf beiden Seiten liegt die Vorderseite des Fahrzeugs links.

1966

1967

1968

1969

Die Vordersitze aus Kunstleder des Modelljahrs 1966 wiesen ein ausgeprägtes Rillenmuster in der Mitte sowie sanft gerundete Außenkanten auf. 1967 zog sich das Rillenmuster gleichmäßig über die gesamte Sitzfläche hinweg. Bei den Modellen von 1968 und 1969 wurde dies beibehalten, allerdings konnten diese Sitze optional mit hoher Rückenlehne (M 258) bestellt werden. 1968 fiel der Kopfteil ziemlich breit aus, was den Sitzen den Spitznamen „Grabstein" einbrachte Im Folgejahr wurde der Kopfteil schmaler. Ab 1968 befand sich an der Seite der Sitze ein Hebel, um den Vordersitz umzuklappen, damit die Passagiere auf der Rückbank ein- und aussteigen konnten.

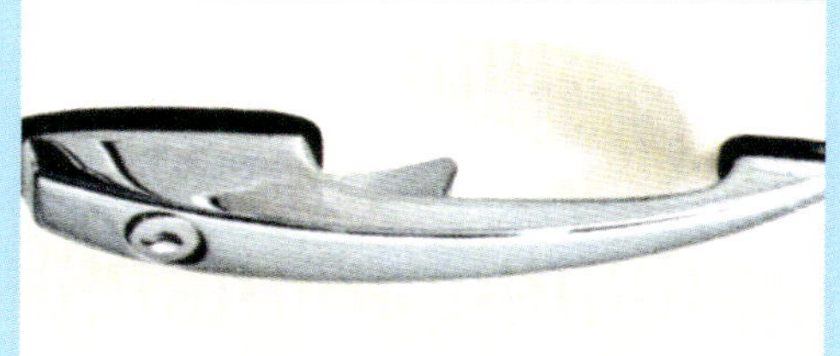

Äußerer Türgriff, von oben nach unten: mit Druckknopf (1961 bis 1967); mit kleinem Entriegelungshebel (1968 bis 1971); mit einem um wenige Millimeter verlängerten und mit zwei Fingerrillen versehenen Entriegelungshebel (1972 bis 1973)

Die Sitze der A- oder N-Modelle waren sehr schlicht.

Fahrtrichtungsanzeiger, von links nach rechts: normaler stromlinienförmiger Blinker an L-Modellen von 1966 bis 1969; normale Tropfenblinker bei einfachen A-Modellen von 1966 bis 1969; Tropfenblinker bei US-Modellen von 1968 bis 1969

Ab 1968 waren die Außenspiegel größer und eckiger. Außerdem wurde der zweite Außenspiegel auf der Beifahrerseite beim Variant serienmäßig. Bis dahin war er nur als Option erhältlich. Außerdem war eine Nachrüstung schwierig, da die Bohrung werkseitig nicht mit einem Gewinde versehen, sondern mit einem Blindstopfen verschlossen wurde. Bei einem Neuwagen konnte der zweite Außenspiegel mit der Option M 261 bestellt werden.

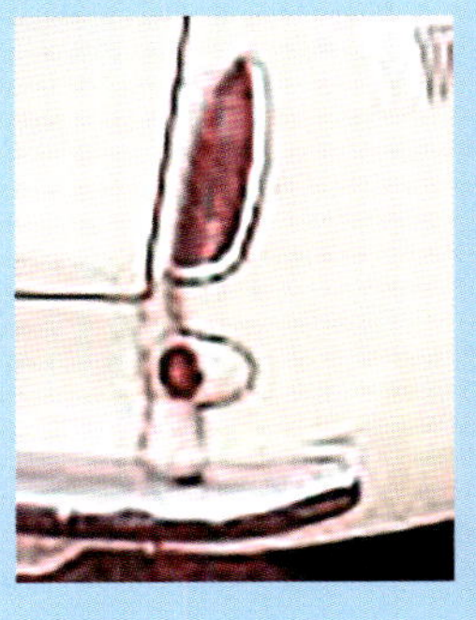

Rückleuchten, von links nach rechts: flache Rückleuchte und kurzes, lackiertes Rückstrahlergehäuse auf einfachen Stufenheck- und Variant-Modellen der Ausführung A; hohes Rücklichtglas und stromlinienförmiger Rückstrahler bei den L-Versionen; hohes Rücklichtglas und kurzes, verchromtes Rückstrahlergehäuse bei den amerikanischen Fließheck- und Squareback-Modellen von 1968 bis 1969.

Kanadischer 1600 als Squareback (Kombi) und als Sedan (Limousine) von 1968. Die Gestaltung folgt dem Beispiel der US-Fahrzeuge was die Form der Scheinwerfer und Rückleuchten, die Stoßstangenhörner, die großen „Grabstein"-Vordersitze mit angeformter, breiter Kopfstütze und das Fehlen von Begrenzungsleuchten angeht. Die Stufenheckversion wurde in den USA jedoch nie verkauft. Nur private Grauimporte aus Kanada und Europa gelangten in die Vereinigten Staaten. Bei Importen aus Europa mussten die Wagen dabei aber mit Sealed-Beam-Scheinwerfern und einem Tacho mit Meilenangabe nachgerüstet werden.

Aussparung und Beleuchtung für das hintere Nummernschild, von links nach rechts: 1961 bis 1967; 1968 bis 1970; 1971 bis 1973 – hier war die Aussparung breiter

US-Squareback-Modell von 1967

US-Squareback-Modell von 1969

US-Fließheckmodelle, von oben nach unten: 1966, 1967, 1968, 1969

Bei den Fließheckmodellen von 1966 bis 1969 war das hintere Nummernschild unterhalb des Kofferraum-/Motorraumdeckels angebracht. Von 1970 bis 1973 befand er sich weiter oben an der Haube.

Ein Variant 1600A von 1968 in Sonderausführung ohne Zierelemente und mit lackierten Stoßstangen und Radkappen (Option M 163) in der Gestaltung der Deutschen Bundespost

Deutsche Stufenhecklimousine 1600L vom Anfang des Modelljahrs 1968 mit allen Zierelementen

Zwei Versionen der deutschen Stufenhecklimousine von 1966: die Grundausführung 1500A ohne Extras (oben) und mit der Option M 237, also mehr Chromteilen an Standardmodellen. (Bei dem unteren Bild wurde der Außenspiegel vergessen!)

1967 konnte man in Kanada einen 1600L mit Einzelvergaser kaufen.

Bei diesen beiden Fahrzeugen handelt es sich um Variant-Modelle von 1966 für den deutschen Markt. Links: Variant mit 1500er Motor und Einzelvergaser, der trotzdem als 1600A verkauft wurde; rechts: 1600L Variant mit 1600er Motor und Zweivergaser-Anlage.

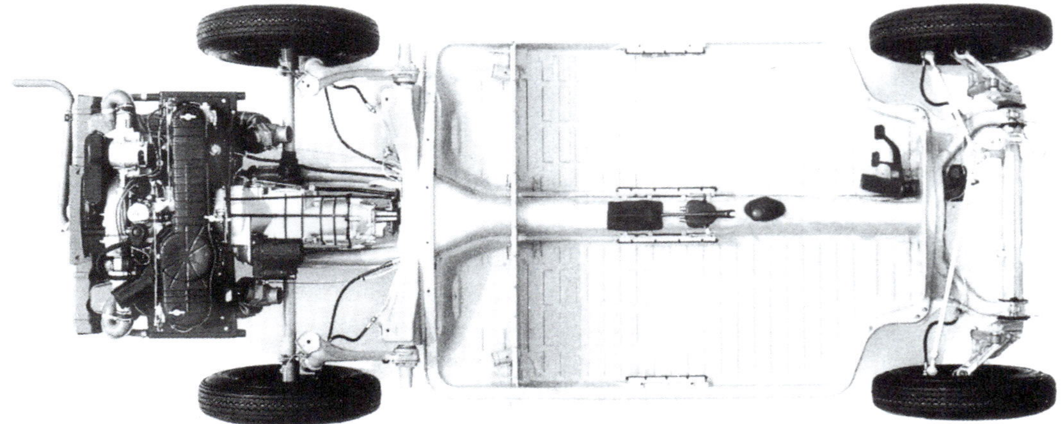

Typ-3-Chassis von 1966 mit Pendelachse und Zweivergaser-Motor. Auffällig sind die „Hörner“, an die die Vorderachse angeschraubt wird.

Einzelvergaser. Trotz des kleineren Motors war an diesen Fahrzeugen der Schriftzug 1600L angebracht. Bei allen Fahrzeugen, die auf den deutschen Markt kamen, konnten optional Sitzbezüge aus Kunstleder oder Velours bestellt werden.

2. Im Modelljahr 1966 hatte der 1500A in der Variant- und Stufenheck-, aber nicht in der Fließheckausführung, alle grundlegenden technischen Merkmale der L-Modelle, aber den kleineren 1500er Motor mit 1493 cm³. Diese Fahrzeuge hatten keine Chromteile und keine der extravaganteren Extras, lediglich ein Türschloss und eine Sonnenblende sowie und cremefarben und schwarz lackierte Felgen.
   In den Modelljahren 1967 und 1968 wurde die Bezeichnung 1500A für diese Versionen am unteren Ende der Palette fallen gelassen und durch 1600A ersetzt. In den Schriftzügen am Heck tauchte das A jedoch nie auf. Auf manchen Märkten gab es die Option, einen 1600A mit den meisten externen Extras der L-Modelle zu kaufen. In diesem Fall lautete der Schriftzug am Heck einfach VW 1600.

Im Modelljahr 1967 gab es einige kleine, aber kennzeichnende Änderungen: Die seitliche Chromleiste, die beim 1500S eingeführt worden war und dann auch den 1600L, 1600L Variant und 1600TL zierte, wurde schmaler. Auch die Radkappen des Modelljahrs 1967 waren flacher und hatten nicht mehr die Erhebung mit dem VW-Logo wie noch 1966. Die 12-V-Anlage wurde serienmäßig, und die Zugschalter am Armaturenbrett waren jetzt schwarz und bestanden aus Weichplastik (wurden allerdings 1968 erneut geändert).

Bremsen

Ab dem Modelljahr 1966 wurden bei allen in Deutschland gebauten Typ 3 Scheibenbremsen eingeführt. Dies war ein großer Fortschritt, der die Wirksamkeit der Bremsen verbesserte. Mit dem Modelljahr 1968 kam ein doppelter Bremskreislauf für den Fall hinzu, dass einer ausfiel. Sicherheit spielte bei der Konstruktion im Hause Volkswagen jetzt eine große Rolle. Ab 1969 erhielt das

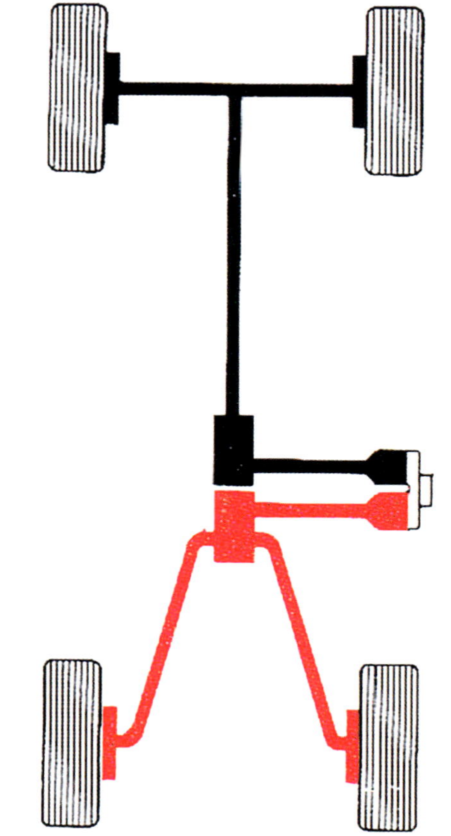

Schemazeichnung der Zweikreisbremse

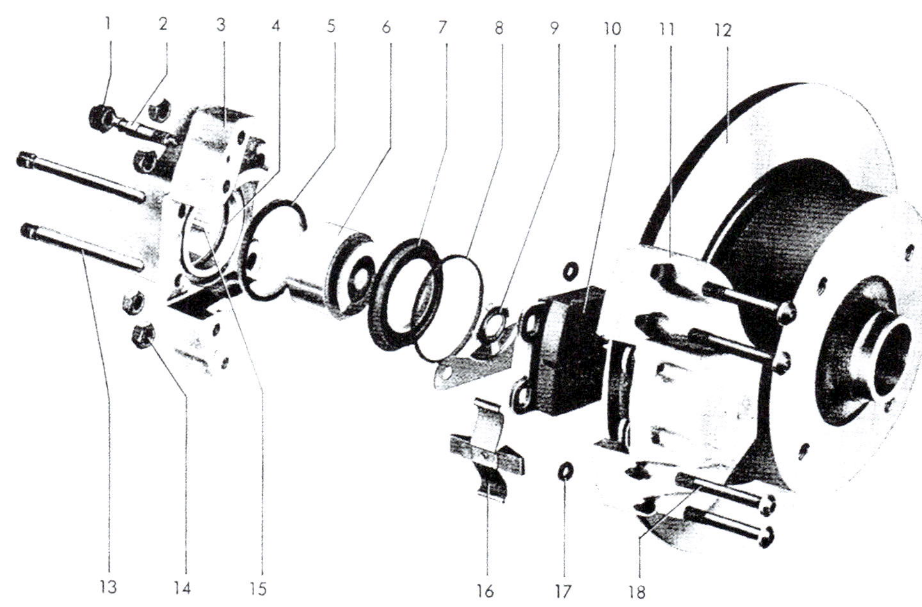

Explosionsbild vordere Scheibenbremse VW Typ 3

1 Staubkappe für Entlüfterventil
2 Entlüfterventil
3 Festsattelgehäuse (innen)
4 Nut für Dichtring
5 Kolbendichtring
6 Bremskolben
7 Staubmanschette
8 Sicherungsring
9 Verdrehsicherung
10 Bremsbelag
11 Festsattelgehäuse (außen)
12 Bremsscheibe
13 Führungsstifte f. Bremsbeläge
14 Sechskantmutter f. Zylinderschraube (18)
15 Stift
16 Spreizfeder f. Bremsbelag
17 Dichtring f. Flüssigkeitskanal
18 Zylinderschraube f. Festsattelgehäuse

Scheiben-
bremsen,
eingeführt 1966

Armaturenbrett auch eine Warnleuchte über einen Ausfall eines Bremskreislaufs.

Nur zwei Pedale!

Teilrahmen eines frühen Typ 3 mit Pendelachse und manuellem Schaltgetriebe. Hier gibt es keine Diagonallenker; stattdessen verlaufen die Torsionsarme von den Enden des Torsionsrohrs gerade nach hinten zu den äußeren Enden der Achsrohre. Oben im Bild ist die Rückseite des Getriebegehäuses zu sehen. Hier befindet sich das Kupplungsgehäuse, an dem die Kupplung und der Motor angebracht waren.

Hinterachsfederung

Ab 1968 wurde ein Dreigang-Automatikgetriebe als Option M 249 angeboten. Hierbei handelte es sich jedoch nicht um den ebenfalls 1968 beim Käfer eingeführten elektrischen Dreigang-Drehmomentwandler, der vom Fahrer bedient werden musste, sondern tatsächlich um eine vollautomatische Einrichtung. Damit ging eine weitere umwälzende Neuerung einher: Die alte Pendelachse wurde durch eine Schräglenkerachse mit konstantem Radsturz ersetzt. Die T2-Bullies von 1968 mit Schaltgetriebe verfügten alle über die neuen Schräglenker-Hinterachsen. Bei den Typ-3-Versionen mit manuellem Getriebe wurden sie im Modelljahr 1969 eingeführt.

Die 1968er Modelle mit manuellem Getriebe waren mit Torsionsstäben oder, wie VW es nannte, „Ausgleichsfedern" ausgestattet, die die beiden Achsrohre miteinander verbanden. Das

Automatikgetriebe und Antriebswellen von unten mit Blick nach vorn

Ein Typ 3 von 1969 oder später mit manuellem Schaltgetriebe auf der Hebebühne mit Blick nach vorn. Die Gelenke an den Enden der beiden Antriebsachsen sind deutlich zu erkennen. Beachten Sie auch die Diagonallenker, die etwa von der Mitte des Torsionsrohrs ausgehen und zu den hinteren Enden der Torsionsarme und den äußeren Gelenken führen.

Manuelles Getriebe eines Typ 3 von 1969 oder später mit kardanisch aufgehängten Antriebsachsen und Diagonallenkern, die etwa von der Mitte aus zu den äußeren Enden der Achsen führen. Dieser Teilrahmen ist anders gebaut als der im vorherigen Bild.

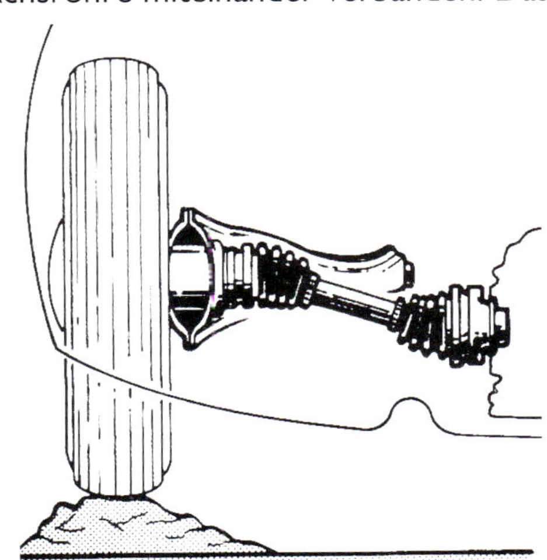

Die Schemazeichnung zeigt, wie die beiden Gleichlaufgelenke der Antriebswelle an den beiden Enden der Achse für einen gleichbleibenden Radsturz sorgen.

verhinderte das Anheben des Hecks bei schnellen Kurvenfahrten (siehe die Kritik in der Zeitschrift *hobby* aus Kapitel 7). Allerdings war diese Ausstattung nur 1968 serienmäßig, da bereits 1969 die Schräglenkerachse bei allen Fahrzeugen, also nicht nur solchen mit Automatikgetriebe, eingeführt wurde. Eine Ausnahme bestand natürlich, wenn das Fahrzeug mit der Schwerlast-Federungsoption M 263 mit Pendelachsen und Torsionsstab bestellt wurde, die bis zum Produktionsende des Typ 3 im Juli 1973 angeboten wurde.

Zwei sehr verschiedene Vorderachsen. Die Achse oben im Bild stammt von einem Käfer (Typ 1). Sie weist zwei parallele Torsionsstangen in Rohren übereinander auf. Es handelt sich hierbei um eine ältere Achse mit Anlenkbolzen. Die untere Achse dagegen stammt von einem frühen Typ 3 (mit Trommelbremsen). Das untere Rohr enthält zwei diagonale Torsionsstangen, das obere einen Stabilisator. Die Frontachsen aller Typ-3-Modelle verfügten über Kugelgelenke.

Sicherheit

In den 60er Jahren wurde die Sicherheit der Fahrzeuginsassen – die „passive Sicherheit" für Autohersteller zu einem immer wichtigeren Thema, vor allem in den USA, wo im Schadensfall nicht nur der Ruf des Unternehmens leiden, sondern die Haftung auch ziemlich teuer werden konnte. Kleine Details wie weiche Knöpfe auf dem Armaturenbrett, Zweikreisbremsen, Kopfstützen an den Vordersitzen und Rückenlehnen, die bei einem Aufprall nicht nach vorn klappen konnten, nahmen immer mehr an Bedeutung zu. Auf manchen Märkten waren sie sogar gesetzlich vorgeschrieben.

Mit Beginn des Modelljahrs 1968 wurde bei allen Modellen eine Sicherheitslenksäule eingeführt. Dabei war am unteren Ende der Lenksäule – dort, wo sie in das Lenkgehäuse übergeht – ein Einsatz angebracht, der sich bei einem Aufprall wie eine Ziehharmonika zusammenfalten würde. Dadurch wurde die Gefahr verringert, dass die Lenksäule bei einem Frontalaufprall in die Brust des Fahrers eindrang.

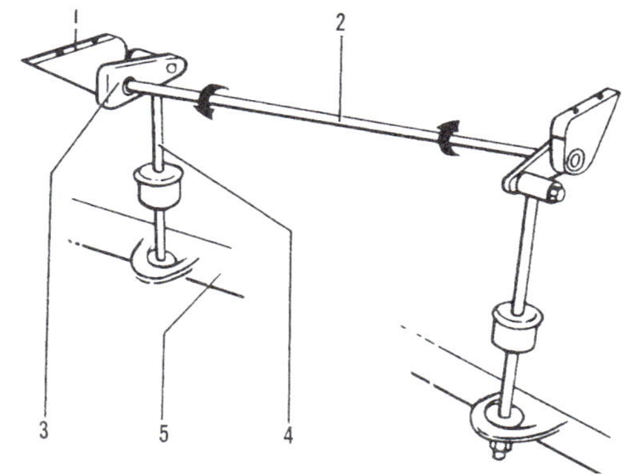

Der Torsionsstab (2) ist auf einem Hebel (3) angebracht, der an beiden Enden an der Karosserie befestigt ist (bei 1). Er wird verdreht, wenn sich die Achsrohre (5) auf und ab bewegen und dabei mit den Druckstangen (4) gegen den Stab stoßen.

Wabenartiger Einsatz am unteren Ende der Lenksäule

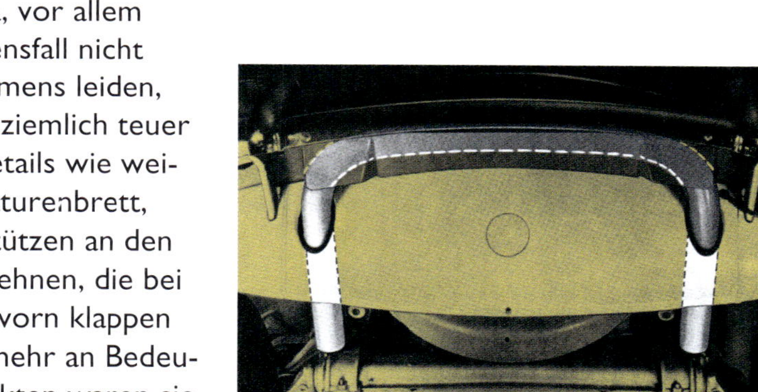

Der verborgene Frontschutzbügel: Der gekrümmte Teil des U-Rohrs ist hinter der Stoßstange versteckt, und die beiden Seitenteile laufen durch die Frontschürze zum Vorderachskörper. Unten im Bild sind die Enden wenige Zentimeter von dem Achskörper entfernt zu erkennen.

Ebenfalls im Jahr 1968 wurde der Frontschutzbügel eingeführt, ein gebogenes Rohr, das hinter der vorderen

Zwei verschiedene Typ 36 Variant nach einem Crashtest, bei dem sie mit 50 km/h frontal gegen eine Betonmauer prallten. In beiden Fällen hätten die Insassen wahrscheinlich überlebt, sofern sie Sicherheitsgurte getragen hätten. Diese Tests erfolgten 1969. Eine genaue Untersuchung der Fotos zeigt, dass es sich den beiden Autos um eine Mischung aus den Modellen von 1969 und 1970 handelt – sie haben noch die Blinker des Modelljahrs 1969, aber die Stoßtange von 1970. Das Fahrzeug im unteren Bild verfügt über silberfarbene Felgen, das im oberen über die schwarzen Felgen von 1969 mit Zierrändern. Es muss sich bei ihnen also um Vorserienexemplare gehandelt haben. Die Bilder lassen gut erkennen, dass der verborgene Frontschutzbügel die Energie des Aufpralls nach oben abgelenkt hat. Die Türen können immer noch geöffnet werden, und möglicherweise können die Wagen sogar noch fahren. Diese Aufnahmen zeigen, dass es Volkswagen ernst mit der passiven Sicherheit war.

Ein 1969er Typ 36 1600L Variant nach einem Unfall. Dabei wurde der Wagen nicht frontal, sondern in einem Winkel von einem Lkw getroffen. Es war ein Totalschaden, aber niemand wurde verletzt. Der Unfall geschah in Kitwe in Sambia.

Stoßstange saß. Bei einem Frontalzusammenstoß stieß sie gegen den Vorderachskörper und dann nach oben und verteilte so die Energie des Aufpralls.

Motoren

Ab Modelljahr 1966 wurde der Motor 1600 mit Zweivergaser-Anlage in Flachbauweise eingeführt. Ebenso wie der 1961 eingeführte 1500 war er nur 40 cm hoch. Der Einzelvergasermotor 1500 wurde bis zum Ende der Produktion des Typ 3 im Juni 1973 hergestellt und konnte für alle Typ-3-Modelle mit der VW-Option M 003 bestellt werden.

Im Modelljahr 1968 kam die elektronische Einspritzanlage D-Jetronic von Bosch als VW-Option M 236 für 1600er Motoren als Ersatz für die Zweivergaser-Anlage vom Typ Solex 32 PDSIT-2 zur Auslieferung. Aufgrund der wirtschaftlicheren und sauberen Kraftstoffverbrennung war das Einspritzsystem bei den US-Modellen ab 1968 vorgeschrieben. Darüber hinaus lief es

Links: Einzelvergasermotor 1500 ohne Luftleitbleche und Luftfilter. Hinten in der Mitte sind deutlich der Querstromvergaser vom Typ Solex 32 PHN und die Krümmerrohre zu sehen, die von dort zu den Anschlüssen an den beiden Zylinderköpfen führen. Das große, an der Kurbelwelle montierte Kühlgebläse ist ein Merkmal aller Typ-3-Flachmotoren. Rechts: Einzelvergasermotor mit allen Teilen im eingebauten Zustand. Der Luftfilter ist das schwarze, runde Gebilde auf der rechten Seite. Das Gebläse ist hier nicht zu erkennen. Ab 1968 baute Volkswagen alle 1600er Motoren (1584 cm³) mit Doppelkanalflansch an den Zylinderköpfen. Das war für das neue Kraftstoffeinspritzsystem nötig, führte zu einem ruhigeren Motorlauf und, wie manche sagen, auch zu einer höheren Leistung.

Hinteransicht eines nach US-Spezifikationen gebauten und in den USA als Squareback verkauften Typ 36 Variant von 1968. Er hat ein Automatikgetriebe und dadurch auch die Schräglenker-Hinterachse mit konstantem Sturz. Außerdem verfügt er über Rückfahrscheinwerfer, einen Einspritzmotor und, wie im Bild gut zu erkennen, über „Grabstein"-Vordersitze mit breiten Kopfstützen, die ein Schleudertrauma verhindern sollen, wenn jemand von hinten auf den Wagen auffährt.

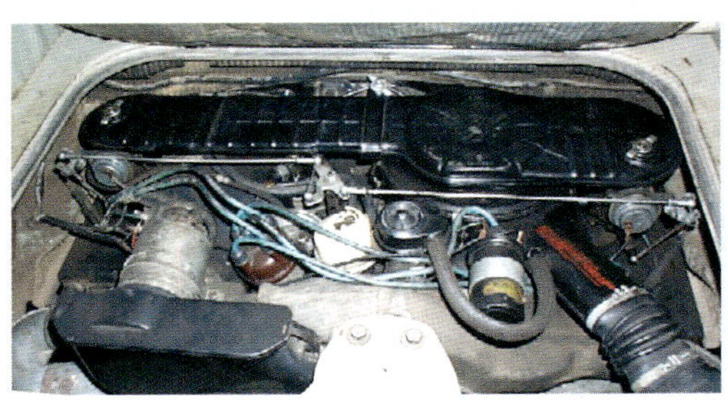

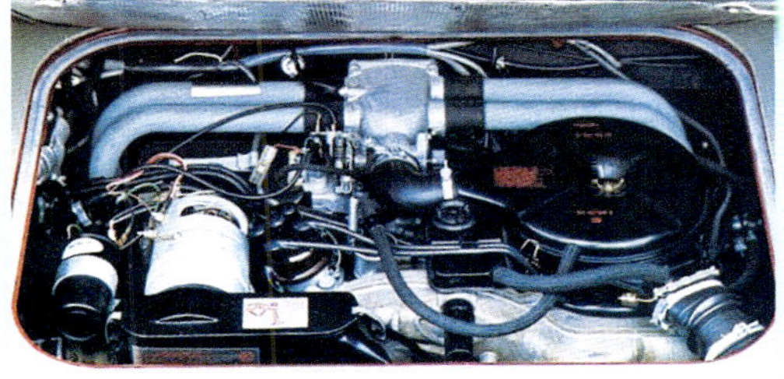

Links: Zweivergasermotor mit einem Luftfilter, der sich hier bis zu den beiden Solex-32-PDSIT-Vergasern an den beiden Seiten erstreckt. Dieser Motor ist in einen älteren Typ 3 mit Pendelachsen eingebaut. An dem weißen Teil mit den beiden Schrauben ist er an der Karosserie befestigt. Rechts: Motor mit Bosch-Einspritzanlage D-Jetronic. Die vier Rohre befördern Luft zu den Krümmern mit Doppelanschluss auf beiden Seiten, wo der Kraftstoff in die einzelnen Brennkammern eingespritzt wird. An der rechten Seite befindet sich der Luftfilter (schwarz). Dieser Motor ist in ein Auto mit Schräglenker-Hinterachse eingebaut. Die Befestigung an der Karosserie erfolgt über einen separaten Träger, der im Heck des Motors quer unter dem Motor verläuft und in dem Bild nicht zu erkennen ist.

Das „Elektronengehirn“ des D-Jetronic-System von Bosch befand sich hinter einer Verkleidung an der linken Seite des Fahrzeugs, hier bei einem Fließheckmodell.

Das Gehirn der Bosch D-Jetronic

störungsfrei und neigte nicht zu Aussetzern. Volkswagen behauptete stets, die Leistung sei die gleiche wie bei den Zweivergasermotoren, allerdings erklärten viele Experten, dass der Einspritzer in Wirklichkeit leistungsstärker sei und auf jeden Fall ein besseres Ansprechverhalten zeigte. Da für seine Wartung jedoch besondere Fachkenntnisse erforderlich waren, wurde das System in Amerika oft nach längerer Laufzeit durch einen Holley-Einzelvergaser mit einem minderwertigen Luftfilter ersetzt.

Seitenfenster zum Öffnen

Ausgenommen bei der sehr einfachen Ausführung A ließen sich die Seitenfenster des Variant über Scharniere an der Vorderkante aufklappen. Viele Fließheckmodelle verfügten über raffinierte Seitenfenster mit biegsamen Glasscheiben, die ebenfalls an der Vorderkante befestigt waren, aber keine Scharniere aufwiesen.

Zum Öffnen wurden die Scheiben einfach gebogen. Aufklappbare hintere Seitenfenster waren als VW-Option M 093 erhältlich.

Taxi

1977 experimentierte Volkswagen mit einer Taxiversion des Typ 36. Dazu wurden der Beifahrersitz und seine Schienen entfernt, der Boden abgeflacht und ein Taxameter eingebaut. Das Fahrzeug wurde auf einer Messe ausgestellt und in New York als kleine, flinke Alternative zu den dort üblichen Taxis vorgeführt. Allerdings kam das Projekt nicht in die

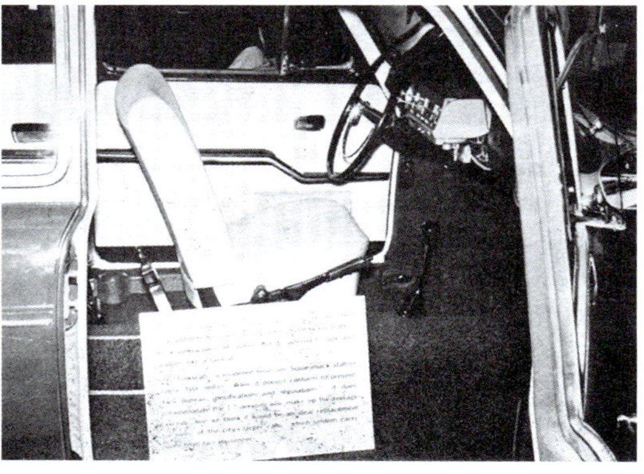

Gänge. Die New Yorker schienen ihre großen, schwerfälligen Checker-Taxis zu bevorzugen.

Farbige Armaturenbretter

Im Modelljahr 1966 bot Volkswagen bei den Modellen 1600TL, 1600L Variant und Karmann Ghia1600L (Typ 34) als Ausstattungsoption die Varianten „Pigalle“ und „Teak“ an. Hierbei waren die Oberseiten des Armaturenbretts, das Lenkrad inklusive Lenkstock, die Seiten-

Rechtsgelenkte Fließhecklimousine 1600TL mit Pigalle-Innenraum: Auch das Lenkrad war rot.

Dieses VW-Werbefoto zeigt ein Pigalle-Modell mit 6-V-Klimaanlage.

Das Teak-Modell mit braunem Interieur ist möglicherweise noch seltener.

verkleidungen und die Armlehnen sowie diverse Bedienelemente entweder in Rot (Pigalle) oder Braun (Teak) gehalten. Als Lackton konnten die Kunden bei diesen farbigen Innenausstattungen nur Perlweiß wählen, Ausnahme 1600 TL: Hier war als Option auch die Farbe Schwarz erhältlich.

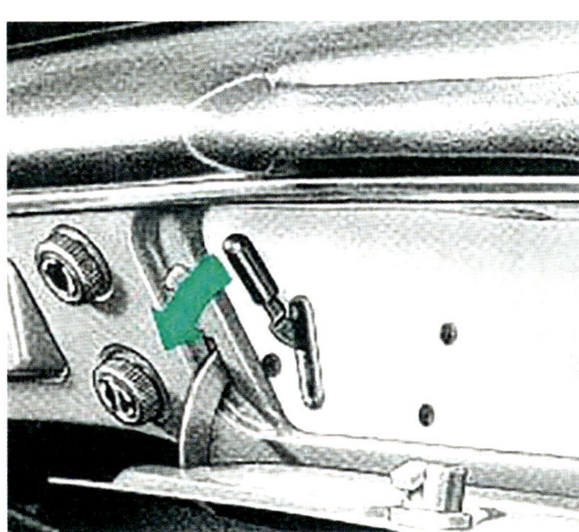

Bei allen Modellen ab 1969 befand sich der Hebel zum Öffnen des vorderen Kofferraumdeckels im Handschuhfach. Zuvor war dieser Hebel auf der linken Seite unter dem Armaturenbrett angebracht.

Ein typischer US-Innenraum von 1969 mit schwarzer Armaturenbrettverkleidung und schwarzen Kunstledersitzen. Der schmale Streifen oben auf dem Armaturenbrett am linken Bildrand ist die Plakette mit der Fahrgestellnummer. Dieses Schild war auf Fahrzeugen für die USA gesetzlich vorgeschrieben.

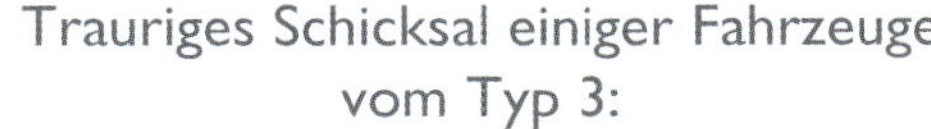

Trauriges Schicksal einiger Fahrzeuge vom Typ 3:

Mit dieser 1970er Stufenhecklimousine nahm es beim „Bush Bash“ ein böses Ende, einer von der Endeavour Foundation organisierten Benefiz-Langstreckenrallye im australischen Outback, mit der Geld für Behinderte gesammelt werden solle. Wenigstens ließ sie ihr Leben für einen guten Zweck.

Dieses Fließheckmodell von 1966 wurde ausgeschlachtet, um einen anderen Wagen des gleichen Typs in Gang zu halten – immerhin ein lohnenswertes Opfer. (Das Käfer-Cabrio im Hintergrund ist übrigens kein echter Hebmüller, sondern der fehlgeschlagene Versuch, einen Nachbau herzustellen.)

Bei einer von Volkswagen organisierten Presseveranstaltung, bei der das Unternehmen die neue Produktpalette von 1966 stolz vorstellte, unternahm ein britischer Journalist eine Probefahrt mit dieser brandneuen 1600TL-Fließhecklimousine. Das Ergebnis war ihm sichtlich peinlich. (Foto von *Safer Motoring*)

Ein 1966er Variant, der ebenfalls ausgeschlachtet wurde und jetzt als Heimstatt für Spinnen dient

Auch dieser recht hübsche 1600L Variant von 1968 hat eine traurige Geschichte. Er wurde 1993 von Großbritannien nach Indien gefahren. Bei der Ankunft in Delhi hatte er einen Motorschaden. VW-Ersatzteile waren damals in Indien jedoch schwer zu bekommen, und die örtlichen Kfz-Mechaniker kannten sich auch nicht mit luftgekühlten VW-Motoren aus. Der Wagen stand monatelang einfach nur herum und verschwand dann einfach. Möglicherweise hatte ein Schrotthändler ein gutes Angebot gemacht.

Diese 1600TL-Fließhecklimousine von 1969 wurde zerstückelt und zu einer Art Cabrio umgebaut.

Produktionszahlen 1966 bis 1969

Von Beginn des Modelljahrs 1966 (1. August 1965) bis zum Ende des Modelljahrs 1969 (31. Juli 1969) wurden einschließlich des Typ 34 und der australischen und südafrikanischen Fahrzeuge jeweils folgende Mengen produziert:

1966	311.693
1967	201.772
1968	244.427
1969	267.358

Das sind nicht gerade kleine Zahlen. Der VW Typ 3 erwies sich von Anfang an als Erfolg. Das Modelljahr 1966 markiert den Gipfel der Produktionszahlen.

Vielen Dank an Fritz Tonn, Svenska Volkswagen AB, die Zeitschriften *Safer Motoring* und *Gute Fahrt*, die Stiftung AutoMuseum Volkswagen und Volkswagen of America Inc. für die Fotos in diesem Kapitel.

Diese Fotos von der Produktion des Typ 3 in Wolfsburg entstanden irgendwann zwischen 1966 und 1969.

Zwei Bilder von Typ-3-Fahrzeugen zu Lehrzwecken

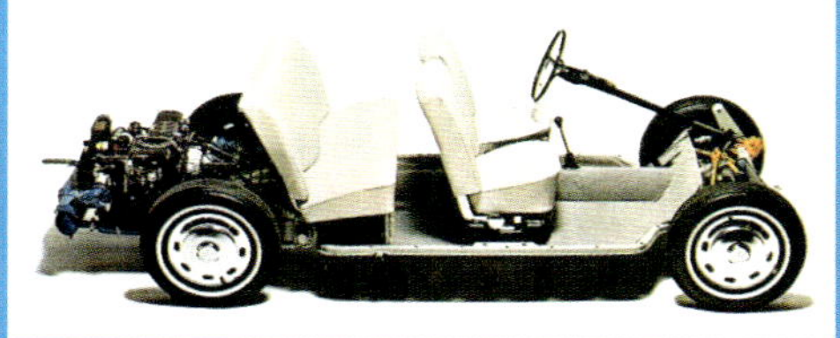

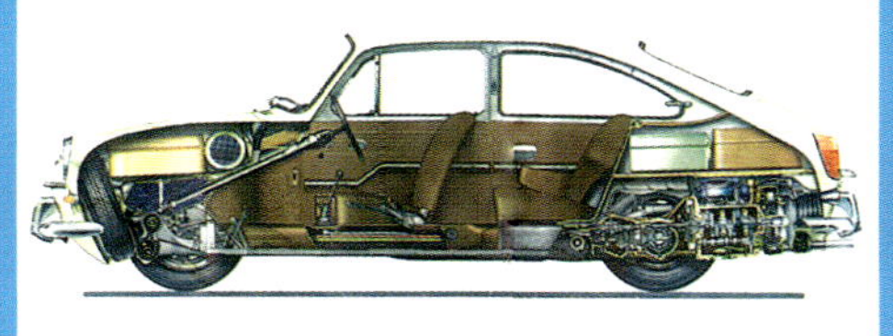

Der Autor versucht, seinen 1969er VW Variant 1600L in Sambia zum Laufen zu bekommen.

Ein makelloser 1966er Squareback, der im Bundesstaat Washington auf den verschiedenen VW-Ausstellungen die Runde machte. (Fritz Tonn)

Der 1969er 1600L Variant des Autors in Kalulushi in Sambia.

Diese praktische und strapazierfähige Gummimatte war in allen Variant- bzw. Squareback-Modellen des Typ 3 von 1961 bis 1973 zu finden.

Zwei Werbefotos für einen nach US-Spezifikationen gebauten VW Typ 36 Squareback. Wo dieses attraktive Fahrzeug heute wohl sein mag? (Foto: Volkswagen of America Inc.)

Werbefoto eines schwedischen 1600TL mit Fließheck und Pendelachse: Beachtenswert ist der positive Radsturz an den Hinterrädern. (Foto: Svenska Volkswagen AB)

Frühstück im Busch von Sambia an einem kalten Morgen des Jahres 1968. Bei dem Fahrzeug handelt es sich um einen 1964er 1500N Variant.

Preiswertes Reisemobil in den 60er Jahren: Selbst mit zwei kleinen Kindern waren ausgedehnte Campingurlaube kein Problem.

Ein 1969er Variant A (mit 1500er Motor) in schweren Regenfällen in Sambia. Glücklich waren jene, die in einem Typ 3 übernachten konnten …

Dieser 1600TL mit Fließheck von 1966 ist einer der wenigen Typ 3, die im Werk Naas Road in Dublin zwischen 1964 und 1969 aus CKD-Sätzen montiert wurden.

Trauriges Ende vieler VW Typ 3: ein auf Volkswagen spezialisierter Schrottplatz in Brisbane

Mitte der 1960er Jahre bediente man sich dieses Wintermotivs für eine Werbung des VW Kundendienstes. Inzwischen konnten sich VW-Fahrer bei Problemen an eine der über 7000 Kundendienstwerkstätten wenden, selbst im entlegendsten Winkel und zu jeder Jahreszeit.

Volkswagenwerk AG

Winterfreuden in den Bergen...

in Sonne, Eis und Schnee:
Der Volkswagen ist immer dabei!
Auf ihn ist Verlaß —
genau wie auf den VW-Kundendienst.
Denn ob zu Hause oder unterwegs —
als VW-Fahrer ist man überall
gut aufgehoben. Überall gibt's
VW-Werkstätten — mit Original-
VW-Ersatzteilen am Lager.
Mit geschulten Fachkräften.
Mit modernsten Einrichtungen.

Ist tatsächlich mal ein Teil
am Volkswagen auszuwechseln,
so geht das sehr schnell.
Und sehr preiswert.
Ja, unbeschwerte Winterfreuden
erlebt man mit dem Volkswagen.
Weil er so robust ist.
So ausdauernd. So verläßlich.
Und weil hinter ihm
der VW-Kundendienst steht: so gut
und bewährt wie der Wagen selbst!

Kapitel 10
1970 bis 1973

In den letzten vier Jahren der deutschen Typ-3-Produktion entstanden die „Langschnauzer“. Diese Modelle zeichneten sich durch die größere Länge aus, wobei der größte Längenzuwachs im vorderen Bereich erfolgte.

Das Modelljahr 1970

Bis zum 31. Juli 1969 betrug die maximale Länge eines Typ 3 mit Stoßstangenhörnern 4225 mm. Ab 1. August 1969, also mit dem Modelljahr 1970, wurde dieser Wert um 143 auf 4368 mm erhöht (gemessen einschließlich der Gummileisten auf den Stoßstangen). Deshalb erhielten die Typ-3-Modelle ab 1970 den Spitznamen „Langschnauzer“. Ein Grund für diese Änderung war lediglich ein Neudesign im Rahmen der jährlichen Überarbeitung. Allerdings wurde auch die Sicherheit der Insassen durch eine geringfügige Verlängerung der vorderen Knautschzone verbessert.

Die 1970er Modelle hatten auch größere und stärkere Stoßstangen sowie größere und besser erkennbare Blinker und Rücklichter. Durch die längere Front vergrößerte sich das Fassungsvermögen des vorderen Kofferraums ein wenig. Der Griff am Deckel des vorderen Kofferraums entfiel. Im Innenraum wurden die Kopfstützen der Vordersitze etwas verkleinert, um die Sicht nach hinten nicht so stark einzuschränken. Ab 1970 wurden alle Felgen unabhängig davon silbern lackiert, ob das Fahrzeug ein L-Modell war oder zu einer weniger gut ausgestatteten Ausführung gehörte. Felgenzierringe gab es nicht mehr. Abgesehen davon ähnelten die 1970er Modelle denen von 1969.

Vergleich: Die vordere Partie der 1970er Modelle ist um 143 mm länger als die vorheriger Versionen.

Die Geschäftspraktik, eine einfache Version ohne Extras zu einem günstigeren Preis anzubieten, wurde mit den Variant-, Fließheck- und Stufenheckmodellen fortgesetzt.

Seit dem Modelljahr 1969 wurde die einfache Version der Fließhecklimousine als 1600T verkauft, was der VW-Option M 233 entspricht. Bei ihnen gab es (oft, aber nicht immer) keine Chromzierleisten, keine Parklichter, keine Aschenbecher hinten, keine Armlehne in der Rückenlehne, nur kleine Armstützen im Käfer-Stil an den Türinnenseiten, weniger Auskleidung des vorderen und hinteren Kofferraums, Sitzbezüge und Türinnenverkleidungen aus einem schlichteren Material und sogar noch Diagonalreifen. Wie üblich hatten die US-Versionen dagegen ein Maximum an Extras (mit Ausnahme der Parklichter).

Nach US-Spezifikationen gefertigter Squareback von 1970

Im Modelljahr 1970 erhielten die kanadischen Stufenheckmodelle eine Heckstoßstange mit einer Bauart, wie es sie sonst nur bei italienischen Stufen- und Fließheckmodellen gegeben hatte, nämlich mit einem abgeflachten Mittelteil für das Nummernschild (VW-Option M 286). Anscheinend waren die Verkehrsbehörden in Italien und Kanada der Ansicht, dass der Platz zwischen Motorhaube und Stoßstange nicht ausreichte, um das Nummernschild ordnungsgemäß anzubringen. Wie in dem folgenden Foto zu sehen, konnte die Stoßstange den unteren Teil des Nummernschilds ein paar Zentimeter weit verdecken.

Die übliche Platzierung des hinteren Nummernschilds an einem Fließheckmodell von 1967. Der Schriftzug mit der Angabe des Bundesstaats am unteren Rand ist teilweise verdeckt.

Nach US-Spezifikationen gefertigte Fließhecklimousine von 1970

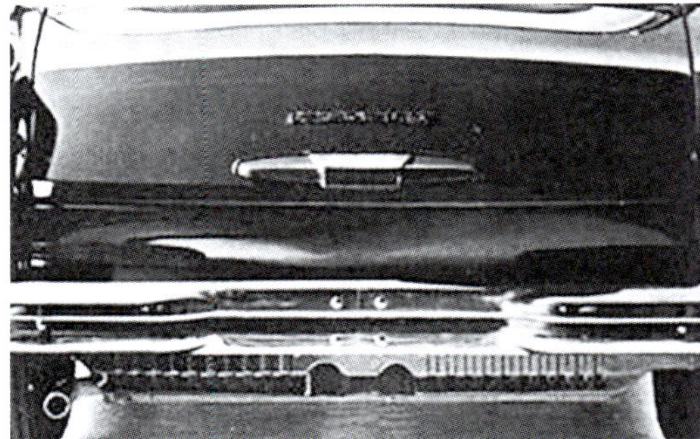
Stoßstange mit Nummernschildaussparung für italienische und kanadische Fließheckmodelle des Jahres 1970

Die Langschnauzer-Modelle für den italienischen Markt zeichneten sich außerdem durch zweifarbige vordere Blinker aus.

Reguläre Blinkerkappen der Modelljahre 1970 bis 1973

Zweifarbige italienische Blinkerkappen der Modelljahre 1970 bis 1973 (Foto: Typ3nut)

1970er Stufenheckmodelle: keine Belüftungsschlitze, ausstellbares Seitenfenster

1971er Stufenheckmodelle: Belüftungsschlitze, Seitenfenster nicht aufklappbar

1970er Fließheckmodelle: keine Belüftungsschlitze, ausstellbares Seitenfenster

1971er Fließheckmodelle: Belüftungsschlitze, Seitenfenster nicht aufklappbar

1970er Variant: keine Belüftungsschlitze, ausstellbares Seitenfenster

1971er Variant: Belüftungsschlitze, Seitenfenster nicht aufklappbar

Das neue Zwangs-Entlüftungssystem von 1971 brachte auch Änderungen am Armaturenbrett mit sich, das nun über zwei Belüftungsöffnungen unter dem jetzt breiteren Aschenbecher verfügte. Ab 1970 wurde der Hintergrund der Rundinstrumente auch in einem dunkleren Grau ausgeführt.

Das Modelljahr 1971

An den 1971er Modellen wurden erhebliche Änderungen vorgenommen Am deutlichsten war das Belüftungssystem mit zusätzlichen Entlüftungsschlitzen in der hinteren Säule. Auf den meisten Märkten nutzte VW diese Gelegenheit, um bei den hinteren Seitenfenstern auf eine Möglichkeit zum Ausstellen zu verzichten, wie die Fotos zeigen.

Für alle Modelle konnte ein werkseitig eingebautes ausstellbares hinteres Seitenfenster jedoch nach wie vor über die VW-Option M 093 bestellt werden.

Britische Familien mit ihrem 1600TE mit Stufenheck bzw. mit ihrem Variant 1600A (und unglücklichen Kindern im Heck)

Auf dem britischen Markt wurden von 1971 bis zum Produktionsende im Jahr 1973 nur die Grundausführungen des Typ 3 ohne Extras verkauft. (Außerdem wurde die Stufenheckversion hier seit dem 1500S von 1965 nicht mehr angeboten.) Immerhin war die Bosch-Einspritzanlage D-Jetronic als Option erhältlich. Daher gab es in Großbritannien ab 1971 die Fließhecklimousinen 1600TA und 1600TE sowie den Variant 1600A und den Variant 1600E. Der 1600TA mit Fließheck und der Variant 1600A hatten nicht einmal eine Sonnenblende für den Beifahrer! Die Modelle mit Einspritzmotor waren mit Gürtelreifen, einer seitlichen Chromleiste und einer Uhr ausgestattet. Alle Versionen hatten nur Bodenmatten aus Gummi, keinen Teppichboden, der aber zusammen mit dem Automatikgetriebe werkseitig bestellt werden konnte. Da das britische Pfund damals im Vergleich zur Deutschen Mark stark schwächelte, zeigten sich die britischen Importeure bei der Modellauswahl ziemlich geizig.

Auf dem amerikanischen Markt erhielten die Modelle von 1971 einen zweistufigen, elektrisch betriebenen Lüfter im Armaturenbrett und einen Anschluss für das VW-Computerdiagnosesystem. Die US-Fahrzeuge erhielten ein Warnlicht für die Sicherheitsgurte.

Im Vergleich dazu ein nach sambischen Spezifikationen gebauter Variant 1600L von 1970 mit allen Extras, z. B. Kopfstützen (allerdings ohne Einspritzmotor, der für ein Entwicklungsland zu komplex war)

Das Modelljahr 1972

Die auffälligste Änderung bestand in dem neuen Lenkrad mit vier Speichen und großer Prallplatte. Darüber hinaus wurden die Bedienelemente für den Scheibenwischer zu einem Hebel rechts von der Lenksäule verlegt. Die Scheibenbremsen an den Vorderrädern mit den größeren Bremssätteln des VW

Das lange, rechteckige Sicherheitsgurt-Warnlicht in einem US-Fahrzeug

Bei Fahrzeugen, die nicht für den US-Markt bestimmt waren, verschloss VW die Öffnung für das Sicherheitsgurt-Warnlicht oft mit einem funktionslosen Kunststoffeinsatz.

Regulärer Scheinwerfer

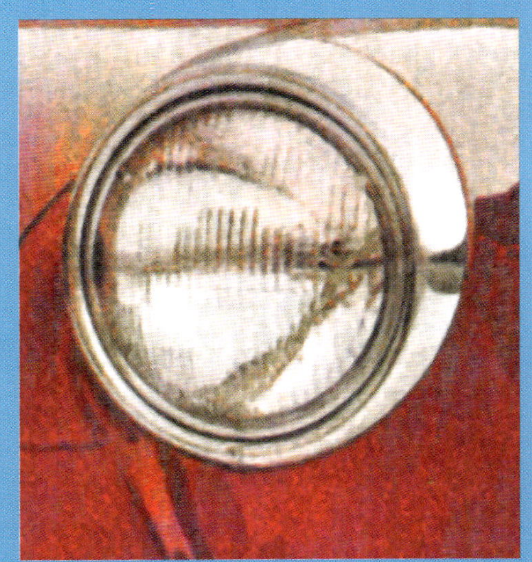

Sealed-Beam-Scheinwerfer für die USA: Der Chromrand weist keine Einstellschrauben für den Scheinwerfer auf.

Links: Reguläre Rückleuchte mit orangefarbenem Blinker und rotem Brems- und Rücklicht; rechts: US-Rückleuchte mit rotem Blinkerglas.

Die alten hellgrauen Rundinstrumente und die neuen schwarzen Instrumente von 1972 und 1973. Beide Fahrzeuge sind mit dem optionalen Drehzahlmesser ausgestattet.

Ein 1970er Modell mit dem Lenkrad im alten Stil mit dem Halbring für die Hupe. Die Rundinstrumente sind ebenfalls noch grau.

Sitzunterbau vor 1972

Sitzunterbau 1972 und 1973

Türverkleidungen und Armstützen, von oben nach unten: 1970, 1972, 1973. Die Armstützen von 1973 waren dünner, aber länger.

Vierspeichiges Lenkrad der Modelljahre 1972 und 1973

Typ 4 ausgerüstet, die eine größere Fläche überstrichen. In der Mitte des Modelljahrs 1972 wurde die Halterung der Vordersitze von zwei Schienen auf 3-Punkt-Befestigung geändert. Alle US-Autos erhielten Automatikgurte für die Vordersitze sowie einen Warnsummer, der ertönte, wenn das Fahrzeug angelassen wurde, obwohl der Fahrer den Sicherheitsgurt nicht angelegt hatte. Außerdem hatten die US-Fahrzeuge bis 1973 weiterhin die Sealed-Beam-Scheinwerfer und roten Rücklichter, die dort 1966 eingeführt worden waren. Die Rundinstrumente am Armaturenbrett wurden für die Modelljahre 1972 und 1973 umgestaltet und erhielten einen schwarzen Hintergrund statt des bisherigen grauen Hintergrunds.

Das Modelljahr 1973

Die wahrscheinlich auffälligste Änderung von 1973 war die Rückkehr zu den breiten „Grabstein"-Kopfstützen, die allerdings eine andere Form aufwiesen als die aus den späten 60ern und und auch mit Liegesitzvorrichtung lieferbar waren. Die Armstützen an den Türen wurden schmaler. Des Weiteren erhielten die Modelle von 1973 zwei Verstärkungsträger, die auf beiden Seiten des Getriebetunnels unter das Chassis geschweißt wurden. Es gab auch eine Reihe von kleinen Verbesserungen am Einspritzsystem.

Ausschließlich im Modelljahr 1973 bot Volkswagen of America Inc. auch eine einfache Version der Fließhecklimousine ohne Extras an. Sie behielt zwar die technischen Merkmale des Typ 3 für den amerikanischen Markt bei, z. B. den Einspritzmotor und die Sicherheitseinrichtungen, hatte aber kleinere Armstützen an den vorderen Türen, keine Armstützen hinten, keine Chromleisten, keine Gummileisten auf den Stoßstangen, keine Weißwandreifen usw. Von dieser Ausführung ließen sich jedoch nicht viele Exemplare verkaufen. Der „Type 3 Basic Compact" erwies sich als ein Flop.

Ein 1973er Typ 3 von unten. Die beiden parallelen Längsträger sind deutlich an der Stelle zu erkennen, über der sich die Vordersitze befinden. In Publikationen wird stets behauptet, dass es diese Träger nur bei Modellen von 1973 gab, doch wiesen wohl bereits Fahrzeuge aus dem Baujahr 1970 dieses Detail auf. Beachten Sie auch die U-förmigen Frontschutzbügel.

Einer der Gründe für den Versuch, eine einfache Version anzubieten (wie auch in Großbritannien), bestand darin, dass die Deutsche Mark zu Anfang der 70er Jahre gegenüber dem britischen Pfund und dem amerikanischen Dollar ziemlich stark war. Die VW-Importeure mussten bei ihren Fahrzeugen auf konkurrenzfähige Preise im Vergleich zu inländischen Fabrikaten und Importen etwa aus Japan achten.

Um die Exporte anzukurbeln, führte Volkswagen in den 60ern und 70ern das sehr erfolgreiche Volkswagen Tourist Delivery Programme durch. Dabei verkaufte VW Autos zollfrei an Touristen, die ihre Fahrzeuge direkt am Werk oder an verschiedenen internationalen Flug-

Die Vordersitze von 1973 hatten einen robusteren Unterbau und konnten mit der Option M 562 auch erheblich nach hinten geneigt werden.

Ein Blick von vorn unter einen 1973er Typ 3 zeigt die beiden flachen Verstärkungsträger mit U-Profil auf beiden Seiten des Mitteltunnels.

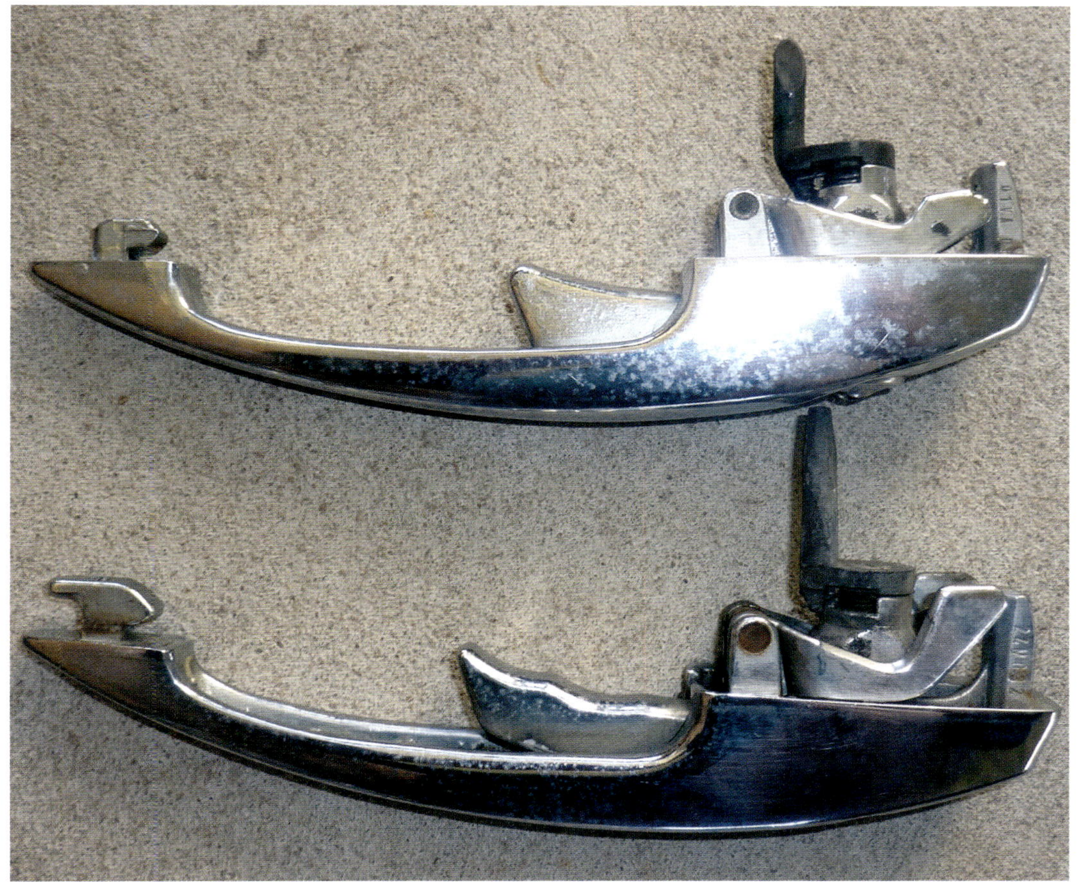

Zwei Türgriffe: Der obere stammt von einem Modell aus dem Zeitraum von 1968 bis 1971, der untere von einem aus dem Jahre 1972 oder 1973. Wenn man genau hinsieht, kann man an dem Schaft ganz rechts eine eingestanzte Nummer erkennen. Ein offizieller VW-Teilehändler sollte in der Lage sein, anhand dieser Nummer einen passenden Schlüssel für die Tür herzustellen.

Ein Typ 36 Variant der Deutschen Bundespost. Er wurde in der Mitte des Modelljahrs 1973 mit den VW-Optionen M 258 (erhöhte Vordersitzlehnen), M 003 (1500er Motor mit Einzelvergaser), und M 263 (Schwerlast-Hinterachsfederung mit Pendelachsen, größeren Stoßdämpfern und Torsionsstab) gebaut. Das untere Foto zeigt den 1500er Einzelvergasermotor mit der Art von Aufhängung, die Fahrzeuge mit Pendelachse hatten. Im mittleren Bild sind die leicht einwärts springenden Räder mit dem für Pendelachswagen typischen positiven Radsturz zu erkennen. In den Jahren 1972 und 1973 wurde dieses Modell – mit 1500er Motor und Pendelachsen – in einigen Ländern als Variant II verkauft.

häfen abholen und damit anschließend ihre Urlaubsfahrten in Europa unternehmen konnten. Anschließend wurden die Fahrzeuge in die Heimatländer der Touristen verfrachtet, wobei für den Import gewöhnlich geringere Zollgebühren anfielen, da die Fahrzeuge schließlich „gebraucht" waren. VW kümmerte sich um die Anmeldung mit Touristen-Nummernschildern, die erforderliche grüne Versicherungskarte für Europa und sogar die Lieferung in das Heimatland. Dieses Angebot erfreute sich bei Nordamerikanern großer Beliebtheit, insbesondere bei Angehörigen der kanadischen und der US-Streitkräfte, die ihre Dienstzeit

Der nach US-Spezifikationen gebaute Typ 3 Basic Compact von 1973 (M 108)

Reguläre 1973er US-Fließhecklimousine mit allen Extras

für die NATO in Europa beendeten. Auch viele andere, die befristet in Europa arbeiteten, konnten das Programm in Anspruch nehmen und mit ihrem neuen Auto noch eine Tour durch Europa unternehmen, bevor sie in ihre Heimatländer zurückkehrten, z. B. nach Australien oder Neuseeland.

Das Programm wurde sehr bald von anderen Herstellern wie Renault und Volvo kopiert. Manchmal wurden die Fahrzeuge jedoch nicht in die Heimatländer geliefert. In diesen Fällen wurden die Steuern und Abgaben bezahlt und das Fahrzeug in einem europäischen Land angemeldet. Aus diesem Grund findet man auch gelegentlich nach US-Spezifikationen gebaute Volkswagen in Europa. Es handelt sich dabei nicht immer um rostfreie Importe aus Kalifornien.

Produktionszahlen 1970 bis 1973

Von Beginn des Modelljahrs 1970 (1. August 1969) bis zum Ende des Modelljahrs 1973 (in Deutschland im Juni 1973) wurden einschließlich der australischen und südafrikanischen Fahrzeuge jeweils folgende Mengen produziert:

1970	**272.031**
1971	**234.224**
1972	**157.543**
1973	**55.189**

Die Produktionszahlen waren immer noch auf einem sehr hohen Niveau. 1970 wurde dank der Designänderung zum Langschnauzer ein weiteres Spitzenjahr für die Produktion. Unter den mehr als 2,6 Millionen Fahrzeugen, die im Zeitraum von 13 Jahren gebaut wurden, befanden sich 1.202.935 Variant-Exemplare.

Vielen Dank an Svenska Volkswagen AB, Type3nut, Marcel Kramer, Stiftung AutoMuseum Volkswagen und Volkswagen of America Inc. für die Fotos in diesem Kapitel.

Doppelseite aus einem Prospekt von 1969 über das Volkswagen Tourist Car Delivery Programme. Alle abgebildeten Fahrzeuge haben das ovale deutsche Zollkennzeichen als Nummernschild. Solche steuerbefreiten Nummernschilder gibt es in allen Ländern. Die britischen bestehen aus zwei Buchstaben, gewöhnlich QM, QL oder Q mit einem anderen Buchstaben, gefolgt von vier Ziffern. In Frankreich waren die steuerbefreiten Nummernschilder immer rot und gaben das Jahr der Anmeldung an. Dadurch waren die Kunden verpflichtet, die Autos innerhalb von zwölf Monaten aus Europa auszuführen. Die beiden Typ 3 in diesem Prospekt sind US-Versionen (mit erhöhten Vordersitzlehnen und Pickelblinker). Der Typ 4 wurde 1969 in den USA nicht verkauft; es handelt sich dabei also nicht um das Fahrzeug eines amerikanischen Touristen.

Ein wirklich schöner amerikanischer Typ 3 Squareback von 1973. Vor einigen Jahren wurde er auf eBay verkauft. Er wies einen Kilometerstand von lediglich 4650 km auf, war makellos und bestand (bis auf die Alufelgen) ausschließlich aus Originalteilen.

Amerikanischer 1600 Squareback von 1973

Amerikanischer 1600 Squareback von 1970

Kanadische Ausführungen des 1600 mit Fließheck und als Squareback von 1973

Britischer 1600E Variant von 1971

Amerikanischer 1600 mit Fließheck von 1972

Betriebsanleitung im Handschuhfach für die Modelle von 1971 und 1973

Produktion des Typ 3 in Wolfsburg

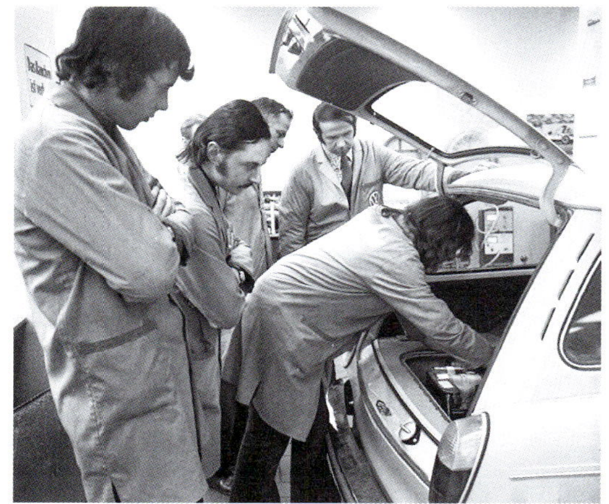

Azubis in Deutschland lernen den Typ 3 kennen

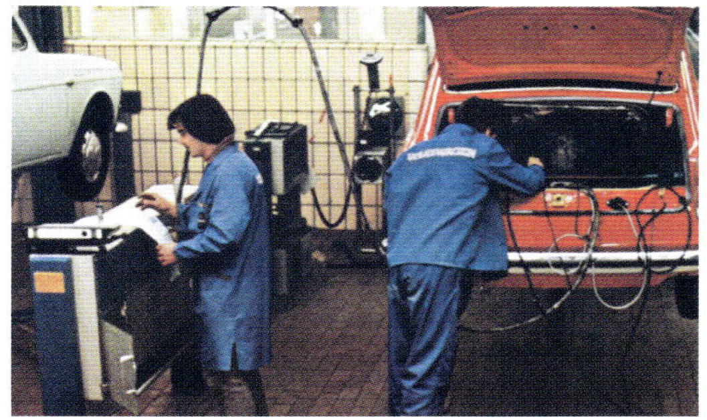

Das VW-Diagnosesystem wurde 1969 eingeführt.

Zwei 1973er Langschnauzer-Variant der Feuerwehr

Ein 1600L Variant wird in den Laderaum des P&O-Frachters *Orcades* gehievt.

Endstation für amerikanische Squarebacks (Foto: Marcel Kramer)

Endstation für einen 1970er Variant in Neuseeland. Er teilt sich sein Schicksal mit einem 411.

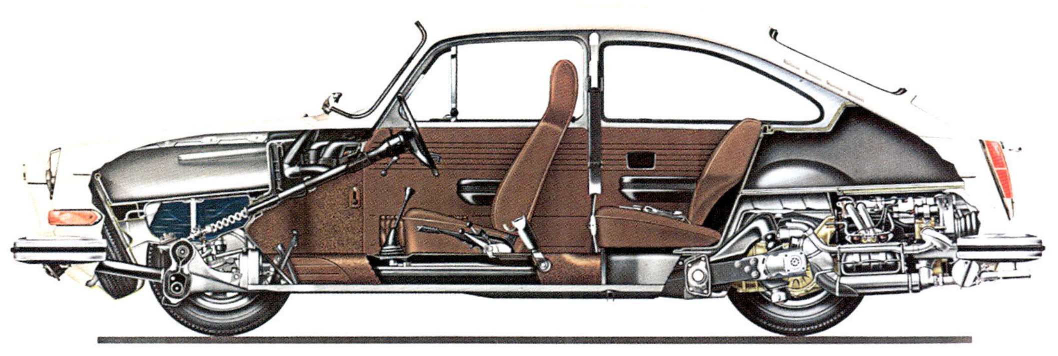

Im Fachmagazin auto *motor und sport* schaltete Volkswagen 1972 die hier gezeigte Werbung. Und obwohl der Typ 3 erst drei Jahre zuvor ein Facelift erhalten hatte und besonders der Variant bei den Käufern immer noch sehr beliebt war, endete die Produktion im Jahr 1973.

VW Variant 1600 L DM 8.360,– a. W. inkl. MWST.

Vor 10 Jahren war eine Limousine dieser Art kaum zu verkaufen.

Damals wußten die Autofahrer noch, was sie meinten, wenn sie Limousine sagten:

Ein Auto, das in der Mitte einen Fahrgastraum und vorn (oder hinten) einen Deckel für den Motor und hinten (oder vorn) einen Deckel für den Kofferraum hatte.

Was wir als „Familienwagen" anboten, galt damals noch als Geschäfts- und Lieferwagen: Ganze 20.903 verkauften wir 1962 davon - nicht gerade viel für VW-Maßstäbe.

Wir haben uns davon nicht beirren lassen. Warum, so fragten wir uns, soll man freiwillig auf den Raum über dem Kofferraum verzichten? Warum soll man diesen Platz verschenken, obwohl er keine Steuer, keine Versicherung und keinen Tropfen Benzin mehr kostet?

Wir haben uns also darauf verlassen, daß VW-Käufer bekanntermaßen mehr mit dem Verstand als mit dem Gefühl kaufen, haben den VW Variant 1600 weitergebaut und — wie wir das bei allen Typen tun — sukzessive weiterverbessert.

Erfolg: Im letzten Jahr entschieden sich insgesamt 192.539 Autofahrer für den Variant — immerhin schon mehr als die Hälfte aller VW 1600 Käufer.

Und vielleicht sind in weiteren 10 Jahren nur noch Limousinen dieser Art zu verkaufen.

VW ist mehr.

VW baut Autos der unterschiedlichsten Konzeptionen (vom Käfer bis zum K 70).
Der VW-Kundendienst sorgt für sie (9000 Service-Stationen, Computer-Diagnose, Original-VW-Ersatz- und VW- Austauschteile).
Und VW erleichtert die Anschaffung (VW-Finanzierung, VW-Versicherung, VW-Leasing).

Kapitel 11
Coupés und Cabrios von Karmann

Die technische Entwicklung des Volkswagen Typ 34 Karmann-Ghia folgt fast genau derjenigen der anderen Modelle des VW Typ 3. Die wenigen Ausnahmen liegen in der Natur des Fahrzeugs begründet. Öffentlich vorstellt wurde der Typ 34 Karmann-Ghia auf der Internationen Automobilausstellung in Frankfurt im September 1961. Für viele Journalisten stellte er eine Überraschung dar (obwohl einige bereits im Februar 1961 einen Testwagen gesehen und fotografiert hatten), weil ein Coupé weder bei der Händlerpräsentation vom April 1961 in Wolfsburg noch auf den vorab von Volkswagen verteilten Fotos (siehe Kapitel 7) zu sehen gewesen war. Eine weitere Überraschung auf derselben Automobilausstellung war ein von Karmann in Osnabrück gebautes Cabrio auf der Grundlage der Stufenheckversion des VW 1500 und ein weiteres Cabrio basierend auf dem Karmann Ghia 1500 Coupé.

Die Presse liebte den neuen 1500 Karmann-Ghia und sah ihn als einen unmittelbaren Erfolg an. Er wurde nicht als Nachfolger für den bisherigen, auf dem Käfer basierenden Karmann-Ghia vermarktet, sondern als ein neues, größeres, schnelleres und üppiger ausgestattetes Auto. Das war der passende fahrbare Untersatz für die neue wohlhabende Mittelklasse in Europa, mit dem man vor seinem Hotel in St. Moritz oder einem Casino in Monaco vorfahren konnte. Auf der Automobilausstellung in Frankfurt wurde der Wagen dann auch mit mondänen Damen geschmückt. Auch

Die schöne neue Glamourwelt konnten sich die meisten Deutschen in den 1960er Jahren nicht leisten. Es gab jedoch eine aufkeimende neue Mittelklasse, die Wert auf solche Dinge legte und bereit war, den Preis für den teuren neuen Karmann-Ghia zu zahlen, um ihren Erfolg zur Schau zu stellen. (Fotos mit freundlicher Genehmigung von Karmann)

in der Werbung konnte man weibliche Fotomodelle sehen, die standesgemäß Pelzmäntel trugen oder mit einem Pudel auf dem Beifahrersitz unterwegs waren. Mit diesem Auto fuhr man zum Skiurlaub nach Davos und nicht einfach nur in die französischen oder italienischen Alpen. Image war jetzt von Bedeutung. Dies war kein Volks-Wagen mehr, sondern ein gehobener Glamour-Wagen.

Für kurze Zeit hatte auch ich einen Typ 34 Karmann-Ghia. Schnell und attraktiv war er, aber nicht luxuriös. Er bot die spartanische, beengte und robuste Effizienz eines Käfers ohne die praktische Vielseitigkeit der Stufenheck- und Variant-Modelle. Immerhin vermittelte er das Image der Bewunderungswürdigkeit, auf das VW abgezielt hatte.

Zwei beeindruckende Typ 34 Karmann-Ghia auf der Frankfurter Automobilausstellung von 1961: ein Coupé und ein Cabrio. Ihr Auftritt war für viele Journalisten eine Überraschung.

Wilhelm Karmann und seine Frau sowie Luigi Segre von Ghia nehmen ein Cabrio in Augenschein. Segre war für die Entwicklung des Typ 34 verantwortlich. (Mit freundlicher Genehmigung von Karmann)

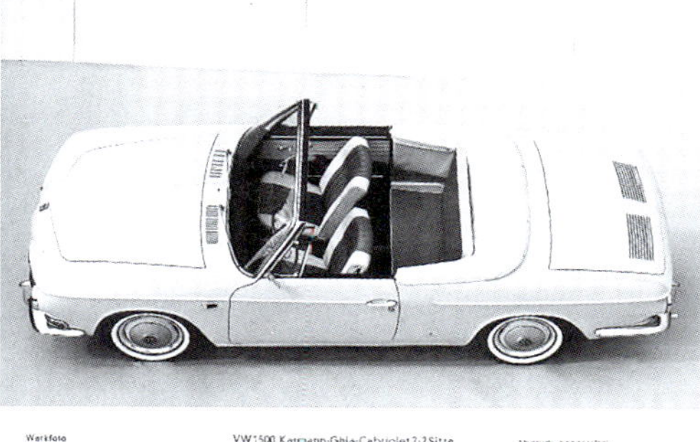

Bei der Frankfurter Automobilausstellung an Journalisten verteiltes Werbematerial von VW

Bei der Automobilausstellung in Frankfurt wurde jedoch nicht nur das neue Coupé von Karmann-Ghia vorgeführt, sondern auch ein Cabrio. In dem von Volkswagen verteilten Werbematerial war neben dem Coupé auch dieses Cabrio dargestellt.

Ein weiteres Karmann-Produkt wurde bei der Automobilausstellung enthüllt, nämlich zwei Exemplare einer Cabrio-Version des Stufenheckmodells. Diese Fahrzeuge waren nicht ganz so mondän wie der 1500 Karmann-Ghia, machten aber nichtsdestoweniger einen gehobenen Eindruck. Leider schaffte es dieses kleine, feine Auto nicht in die Massenproduktion. Obwohl es bereits Werbeprospekte in verschiedenen Sprachen und sogar Preisankündigungen für die Cabrio-Modelle gab, entschied Volkswagen-Direktor Heinrich Nordhoff in letzter Minute, weder das Karmann-Ghia

Das rote und das weiße Cabrio auf der Automobilausstellung in Frankfurt

Das rote VW 1500 Cabrio: ein schlicht gestaltetes, aber wirklich schön proportioniertes Auto. (Mit freundlicher Genehmigung der VW-Pressestelle)

Hervorragend für längere Touren geeignet!

Zwei verschiedene Heckscheibenversionen von Karmann (mit freundlicher Genehmigung von Guy Harding)

Innenraum des roten Cabrios.

Ein von Carrozzeria Ghia gebautes Holzmodell

1500 Cabrio noch das 1500 Stufenheck-Cabrio bauen zu lassen.

Ein überlebender Prototyp des Typ 3 Cabriolets von 1961 fand sich übrigens überraschend bei Bestandsaufnahme anlässlich der Übernahme der Fahrzeugsammlung von Karmann in Osnabrück durch VW: Es handelt sich dabei unzweifelhaft um den Dienstwagen des damaligen Leiters der technischen Entwicklung bei Karmann, Johannes Beeskow. Das zwischenzeitlich komplett restaurierte und in Golfblau lackierte Fahrzeug kann nun in der Automobilsammlung Volkswagen bestaunt werden.

Weder das Karmann-Ghia 1500 Cabrio noch das 1500 Stufenheck-Cabrio schafften es in die Serienfertigung. Es gibt Behauptungen, nach denen strukturelle Probleme der Grund dafür waren, allerdings war Karmann gut darin, Cabrios zu bauen. Angesichts der Sorgen, die Nordhoff damals wegen zurückgehender Rentabilität hatte, und der Notwendigkeit, die Anteilseigner davon zu überzeugen, dass er ein neues Modell hatte, mit dem sich die Verkaufszahlen wieder ankurbeln

Der wahrscheinlich erste Prototyp des Typ 34 wurde 1958/1959 noch auf der Grundlage des Karmann-Ghia Typ 14 gebaut. Das Dach war höher, insbesondere hinten, wobei der Rücksitz mehr Kopfraum bot. VW gefiel dieser Entwurf nicht, weshalb Ghia eine radikale Umgestaltung vorschlug. (Fotos: Wilhelm Karmann GmbH)

Der von VW abgelehnte Tijarda-Prototyp (diese und die beiden folgenden Fotos: Wilhelm Karmann GmbH)

Der von VW angenommene Sartorelli-Prototyp. Bei beiden Fahrzeugen handelt es sich um Stilstudien, also um ordnungsgemäß gefertigte, rollfähige Exemplare ohne Motor. Trotz ihrer unterschiedlichen Gestaltung sind sie sich innen sehr ähnlich und können beide den Typ-3-Flachmotor aufnehmen. Als das Sartorelli-Auto in die Vorproduktion ging, wurden drei verschiedene Entwürfe für den Lufteinlass ausprobiert und die Formleisten über dem hinteren Radkasten verstärkt. Diese Exemplare wurden auf einem Chassis vom Typ 14 aufgebaut und hatten noch die alten Radkappen des Käfers.

ließen, erscheinen die Kosten für den Bau dieser beiden Cabrios (die erheblich teurer waren als ihre Geschwister mit festem Dach) als ein wahrscheinlicherer Grund dafür, dass die Karmann-Pläne gestoppt wurden.

Die Karmann-Werke waren darauf erpicht, endlich loszulegen. Sie hatten erst zwei Cabrio-Versionen der 1500er Stufenhecklimousine (Typ 35) sowie sechs des 1500 Karmann-Ghia (Typ 341) gebaut. Von den letzteren befindet sich eines im VW-Museum in Wolfsburg und die anderen fünf in Privathänden. Von beiden Cabrio-Varianten wurden auch Nachbauten gefertigt.

Einer der Prototypen des Typ 341 Cabrio (Foto von Wikipedia-Commons-Benutzer MPW57 unter GNU-Lizenz)

Die Anfänge des Typ 34

Es gibt viele Theorien darüber, wo die Ursprünge des Typ 34 Karmann-Ghia lagen. Es sieht so aus, als ob das italienische Unternehmen Carrozzeria Ghia nach dem Versuch, den bestehenden Typ 14 zu vergrößern, unter der Leitung von Luigi Segre zwei verschiedene Gestaltungsentwürfe von Tom Tijarda und Sergio Sartorelli einreichte. Karmann baute zur Begutachtung durch Volkswagen Prototypen von jedem dieser beiden Entwürfe auf der Grundlage des zukünftigen Typ-3-Chassis mit dem flachen „Kofferraum-Motor“. VW lehnte den einen Entwurf ab und akzeptierte den zweiten, verlangte dabei jedoch Änderungen, insbesondere beim Verlauf des Luftstroms für das Kühlgebläse.

(Fortsetzung Seite 107)

Die Sartorelli-Stilstudie für den Typ 34, jetzt ausgestellt im VW-Museum in Wolfsburg (Foto: VW-Pressestelle)

Bei diesem Vorproduktionsexemplar wurden die Luftschlitze von der Stelle hinter der Heckscheibe, an der sie sich bei der 1500er Stufenhecklimousine befanden, an den Platz unter dem hinteren Seitenfenster und knapp vor den Hinterrädern verlegt. VW war damit jedoch immer noch nicht zufrieden.

Schließlich wurden die Lufteinlassschlitze hinten am Motorraumdeckel angebracht, wie es auf diesem Produktionsmodell von 1965 gut zu erkennen ist.

Modell zweier verschiedener Gestaltungen der Front zur Begutachtung durch Volkswagen (mit freundlicher Genehmigung der Wilhelm Karmann GmbH)

Bei diesem Fahrzeug handelt es sich um einen Prototypen: Karmann-Ghia 1600 TL mit attraktiver Fließheckkarosserie. (Foto: Wilhelm Karmann GmbH)

Die Wilhelm Karmann GmbH plante auch eine Viersitzer-Version des Typ 34 und baute 1965 einen Prototyp, der von vielen als Typ 34 mit Fließheck bezeichnet wird. Er war als „2+2"-Sitzer ausgelegt wie beispielsweise der Jaguar E-Type 2+2 mit – allerdings ziemlich beengten – Rücksitzen. Die Studie wurde aufgegeben, aber 1968 wieder hervorgeholt, als die Verkäufe des Typ 34 nachließen. Der Prototyp erhielt das Chassis von 1969 mit Automatikgetriebe und Scheibenbremsen. Volkswagen zeigte sich aber nicht interessiert. Im Hintergrund lauerte bereits der neue VW-Porsche 914.

Serienproduktion

Der erste Typ 3 Karmann-Ghia rollte am 29. September 1961 in Osnabrück mit der Fahrgestellnummer 0 000 269 vom Band. Das war fünf Monate nach der ersten 1500er Stufenhecklimousine, die im April 1961 gefertigt worden war, und zweieinhalb Monate, bevor im Dezember der erste 1500 Variant gebaut werden sollte. Als im August 1964 die Fahrgestellnummern nicht mehr nur aus laufenden Nummern bestanden, sondern auch das Modelljahr angaben, erhielten die Fahrzeuge des Typ 3 Karmann-Ghia die folgenden Typbezeichnungen:

- Typ 343 Karmann-Ghia Coupé (linksgesteuert)
- Typ 344 Karmann-Ghia Coupé (rechtsgesteuert)
- Typ 345 Karmann-Ghia Coupé (linksgesteuert, mit Schiebedach)
- Typ 346 Karmann-Ghia Coupé (rechtsgesteuert, mit Schiebedach)

Das aufgegebene Typ 3 Karmann-Ghia Cabrio erhielt die Bezeichnung Typ 341, obwohl nur sechs davon gebaut wurden, und zwar ausnahmslos linksgesteuerte Exemplare. Dem ebenfalls nicht verwirklichten 1500 Cabrio auf der Grundlage der Stufenheckversion wurde der Typ 35 zugewiesen.

Der Typ 34 Karman-Ghia erhielt alljährlich auch die technischen Änderungen, die an den Fahrzeugen der Typen 31 und 36 vorgenommen wurden. So hatten beispielsweise nur die ersten Exemplare des Typ 34 bis Modelljahr 1964 die sogenannte „Klaviertastatur" am Armaturenbrett. In den Modelljahren 1964 und 1965 wurde ein Motor mit Zweivergaser-Anlage angeboten, und die entsprechend ausgerüsteten Fahrzeuge erhielten die Bezeichnung 1500S Karmann-Ghia. Ebenfalls 1965 wurde der Hubraum von 1493 auf 1584 cm³ vergrößert und die Modellbezeichnung in 1600 bzw. 1600L geändert. Außerdem erhielten die Vorderräder Scheibenbremsen. Einige Typ 34 von 1966 waren auch mit dem roten Innenraum im Pigalle-Design oder im braunen Teak-Design ausgestattet. 1967 wurde die elektrische Anlage auf 12 V umgerüstet, und ab 1968 stand ein Automatikgetriebe zur Verfügung. Die Bosch-Einspritzanlage D-Jetronic wurde nie in die Produktionsmodelle eingebaut. 1969 erhielten alle Fahrzeuge des Typ 34 Schräglenker-Hinterachsen. Leider endete die Produktion des Typ 34 Karmann-Ghia bereits im Juli 1969. Insgesamt verließen 42.498 Exemplare die Fertigungshallen.

Eine ausführliche Beschreibung der zwischen 1961 bis 1969 vorgenommenen Änderungen finden Sie auf der Website *http://www.t34world.org/*. Hier sind auch die damals verfügbaren Farben aufgeführt.

Die Fahrgestellnummern wurden über alle Fahrzeuge vom Typ 3 hinweg durchnummeriert. Ab August 1964 wurden die von Karman-Ghia gebauten Autos durch eine 4 an der zweiten Stelle gekennzeichnet. Nach Angaben der Wilhelm Karmann GmbH lauteten die Produktionszahlen wie folgt:

1961	660
1962	8548
1963	6719
1964	7365
1965	6870
1966	5947
1967	2819
1968	2533
1969	1044

Im August 1969 stellten die Karmann-Werke in Osnabrück die Produktion vom Typ 34 auf den Typ 47 (VW-Porsche 914) um. Das war zwar schade, aber immerhin handelte es sich bei diesem Fahrzeug um einen würdigen Nachfolger.

Der 1500S und der 1600, die beide mehr als 150 km/h erreichen konnten, waren damals die schnellsten und teuersten Volkswagen-Serienfahrzeuge. Das lag hauptsächlich an der niedrigen, schlanken, windschlüpfigen Kontur. Leider war der Typ 34 auch das erste VW-Modell, das aus der Produktpalette gestrichen wurde.

Einer der letzten Typ 34, auch „großer" Karmann-Ghia genannt. Bei diesem Fahrzeug handelt es sich um einen rechtsgelenkten Typ 344 mit nachgerüstetem Schiebedach.

Weitere Werbefotos für den Typ 34, die auf Stil und Romantik setzten.

Ein wunderbarer Typ 343 von 1967

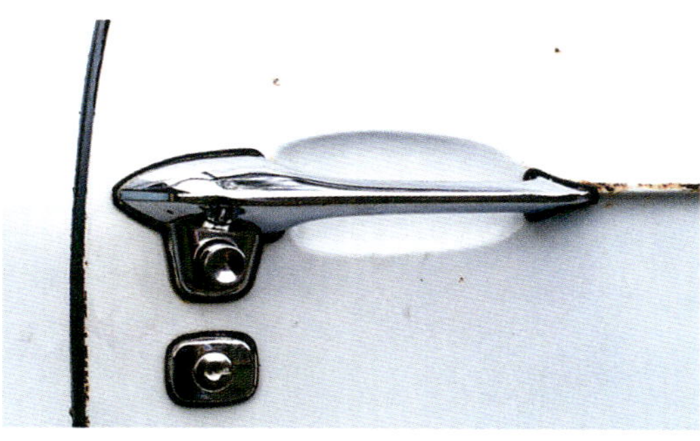

Der Türgriff, der während der ganzen achtjährigen Produktionszeit des Typ 34 verwendet wurde. Der Typ 34 bekam auch nie eine Einspritzanlage oder Kopfstützen. Der Tankeinfüllstutzen verblieb im Kofferraum.

Optionales Schiebedach in einem Typ 345 von 1969 (mit freundlicher Genehmigung von Lee Hedges)

Ein frühes Vorproduktionsmodell mit einer anderen Anordnung der Scheinwerfer (mit freundlicher Genehmigung der Wilhelm Karmann GmbH)

Einer der letzten Typ 343 von 1969 mit einer nicht dem Standard entsprechenden Scheinwerferanordnung (mit freundlicher Genehmigung der Stiftung AutoMuseum VW)

Ein sehr altes VW-Werbefoto

VW-Werbefoto eines zweifarbig lackierten Modells von 1968

Ein wunderschöner 344 1500S Karmann-Ghia mit Rechtslenkung aus Indonesien (Foto: Iwan Sadono)

Andrew Dodds makelloser Typ 344 Karman-Ghia 1500S von 1965 in Sydney. Der Wagen weist einen niedrigen Kilometerstand auf und befindet sich noch im Originalzustand.

Logo auf der Fronthaube im alten und im neueren Design

Ein wunderbarer australischer Typ 344 von 1966 mit Pigalle-Dekor

Ein Typ 344 Karmann-Ghia 1500S von 1965 mit einem Kilometerstand von nur 48.000 km, der sich kurzzeitig im Besitz des Autors befand (mit dem Nummernschild CWO 999 von Neusüdwales). Abgebildet ist er hier im ursprünglichen Farbschema, in einem der Bilder zusammen mit einem 1969er VW 411. Die letzten Bilder zeigen, wie er vor der Verschiffung von Brisbane nach Los Angeles in einen Container verladen wird.

Bei diesem Typ 344 1500S aus dem Baujahr 1965 handelt es sich um ein in den USA perfekt restauriertes Fahrzeug. Die Liebe zum Detail und die Genauigkeit, mit der hier gearbeitet wurde, sind einfach bemerkenswert. (Mit freundlicher Genehmigung von Lee Hedges)

Die Produktion in Osnabrück: Hier wurde noch viel Handarbeit geleistet. (Mit freundlicher Genehmigung der Wilhelm Karmann GmbH)

Dieser Typ 344 von 1965 endete nach einem Auffahrunfall in Melbourne leider als Totalschaden. Er wurde verschrottet, noch bevor Teile daraus ausgebaut werden konnten.

Zwei Betriebsanleitungen des Typ 34, einmal für einen 1500 von 1965 und einmal für einen 1600 von 1966

Ein Coupé von 1969, dem letzten und womöglich besten Produktionsjahr des Typ 34 Karmann-Ghia (Foto: Lee Hedges)

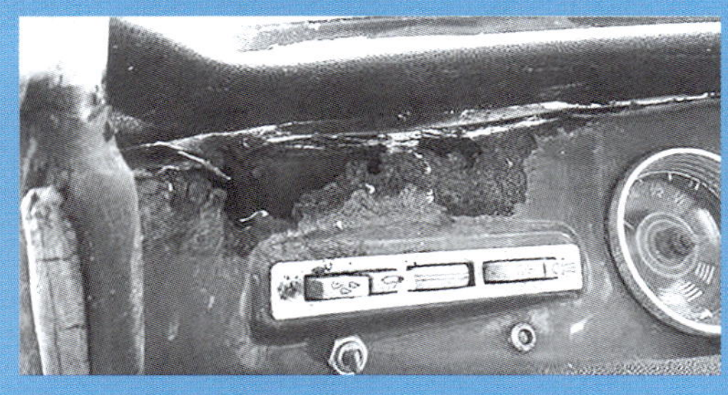

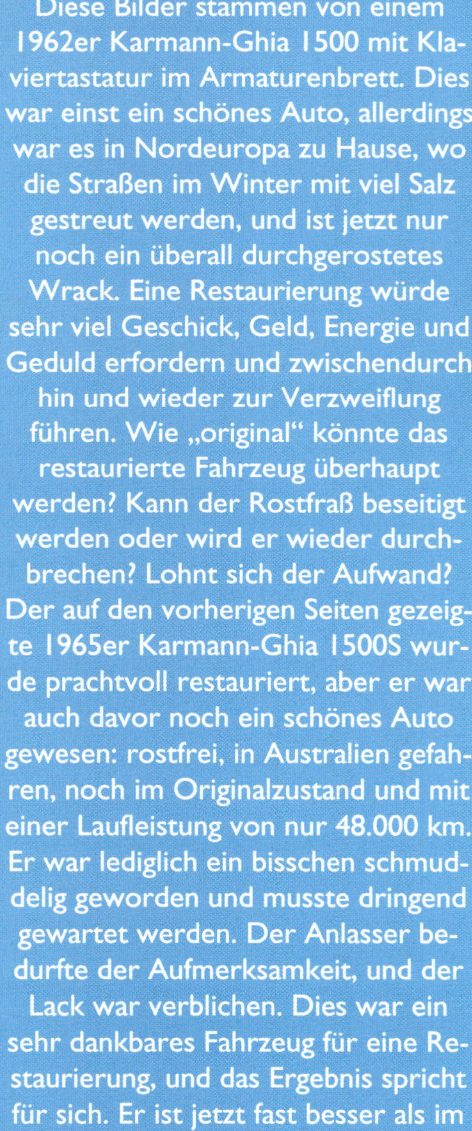

Diese Bilder stammen von einem 1962er Karmann-Ghia 1500 mit Klaviertastatur im Armaturenbrett. Dies war einst ein schönes Auto, allerdings war es in Nordeuropa zu Hause, wo die Straßen im Winter mit viel Salz gestreut werden, und ist jetzt nur noch ein überall durchgerostetes Wrack. Eine Restaurierung würde sehr viel Geschick, Geld, Energie und Geduld erfordern und zwischendurch hin und wieder zur Verzweiflung führen. Wie „original“ könnte das restaurierte Fahrzeug überhaupt werden? Kann der Rostfraß beseitigt werden oder wird er wieder durchbrechen? Lohnt sich der Aufwand? Der auf den vorherigen Seiten gezeigte 1965er Karmann-Ghia 1500S wurde prachtvoll restauriert, aber er war auch davor noch ein schönes Auto gewesen: rostfrei, in Australien gefahren, noch im Originalzustand und mit einer Laufleistung von nur 48.000 km. Er war lediglich ein bisschen schmuddelig geworden und musste dringend gewartet werden. Der Anlasser bedurfte der Aufmerksamkeit, und der Lack war verblichen. Dies war ein sehr dankbares Fahrzeug für eine Restaurierung, und das Ergebnis spricht für sich. Er ist jetzt fast besser als im Neuzustand!

Hat dieser Typ 34 Karmann-Ghia sein Lebensende erreicht oder wird der Besitzer eines Tages dazu kommen, an ihm weiterzuarbeiten? Es ist schwierig geworden, gute Typ-34-Exemplare zu finden, bei denen sich eine Restaurierung lohnt. Entweder die Fahrzeuge sind bereits restauriert oder sie sind vollkommen hoffnungslose Fälle. Dieser Karmann-Ghia stand – vor Witterungseinflüssen gut geschützt – in einer Halle in Australien. Einige Dellen und Kratzer sowie etwas Oberflächenrost, aber nur eine kleine durchrostete Stelle unter dem Rücksitz, wo sich die Batterie befindet, und eine weitere an einem der Radkästen: Er wäre ein lohnenswertes Restaurierungsprojekt …

KARMANN Ghia

Fahrt in die winterlichen Freuden
auch bei Schnee und Glatteis kein Problem
für den Karmann-Ghia.
In ihm wird auch die winterliche Reise
zur Freude und erholsamen Entspannung.

Obwohl er mit einer wesentlich attraktiveren und aufregenderen Form gesegnet war, konnte sich der Karmann-Ghia Typ 34 nicht der gleichen Beliebtheit erfreuen wie der Typ 14. Trotzdem blieben Werbeanzeigen für den „großen Karmann" eher selten. Die hervorragenden winterlichen Fahreigenschaften verdankte der Typ 34 natürlich der Tatsache, dass er auf dem Typ 3 basierte, dessen Heckmotorkonzept spielend mit solchen Straßenverhältnissen zurecht kam.

Auch die Redaktion des Magazins für Technik hobby freute sich im Dezember 1961 über den Typ 34. Über 42.000 Exemplare liefen in acht Jahren von den Fertigungsbändern – vom Typ 14 sollten es am Schluss zehn Mal so viele sein.

Ein weiterer wunderschöner Typ 34 Karmann-Ghia von 1969 (mit freundlicher Genehmigung von Lee Hedges)

Eines der Original-Cabrios vom Typ 341 (mit freundlicher Genehmigung von Lee Hedges)

Ein Typ 343 Karmann-Ghia Coupé von 1963 (mit freundlicher Genehmigung von Lee Hedges)

Ein rechtsgesteuertes Typ 346 Coupé von 1968 mit heizbarer Heckscheibe (Option M 102) und Schiebedach. Es sieht prächtig aus, allerdings hat es ein Armaturenbrett mit drei kleinen Rundinstrumenten. Nach einem schweren Unfall wurde ein Armaturenbrett aus einem älteren, völlig verrosteten Wrack eingebaut.

Schiebedach an einem Typ 346 von 1968

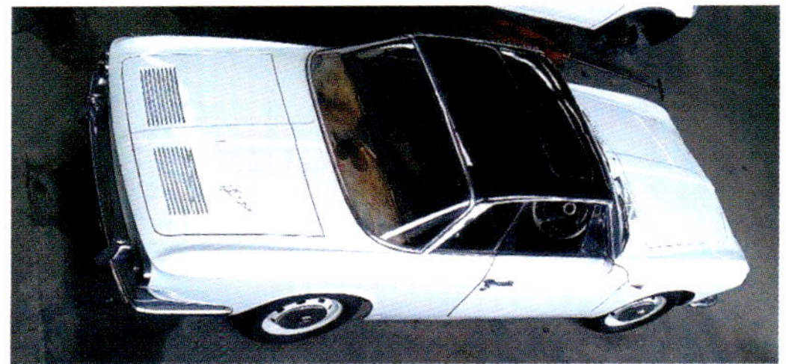

Ein 1966er VW Typ 346 in Südafrika mit Schiebedach

Nachbau des Typ 343 Cabrios von 1962 im Besitz von Lee Hedges in Kalifornien

Der Einzelvergasermotor des Cabrio-Nachbaus

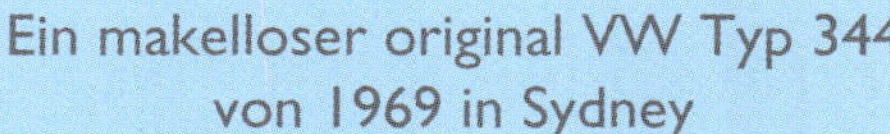

Ein makelloser original VW Typ 344 von 1969 in Sydney

Der Motor mit Zweivergaser-Anlage im Typ 344 Coupé

Vielen Dank an Lee Hedges, Adriaan Pienaar, Iwan Sadono, bradf47, Lynn Heath, die ehemalige Wilhelm Karmann GmbH und die Stiftung AutoMuseum Volkswagen für die Fotos in diesem Kapitel.

Drei verschiedene Ausführungen des Armaturenbretts (von links nach rechts) und ihre Details: von 1962 bis Anfang 1965 mit drei kleinen Rundinstrumenten (goldene Kegel und roten Zeiger); von 1965 (goldene Kegel, aber weiße Zeiger) bis 1966 (silberne Kegel und weiße Zeiger) mit drei Rundinstrumenten, aber größerem Tacho in der Mitte; von 1966 bis zum Ende 1969 mit Holzimitatfolie.

Eine Seite aus einem der in mehreren Sprachen gedruckten Prospekte für den Typ 341, der nie produziert wurde

The Volkswagen 1500 Karmann Ghia

Luigi Segre Ghia, the famous Italian designer, has excelled himself again – designing this Karmann Ghia 1500. Anyone can see that. What they can't see, unless they lift up the hood (at the back), is the Volkswagen 1500 engine underneath. You get the reliability of a Volkswagen and the looks and comfort of a high priced sportscar. After all, 33 mpg. isn't hard to take, or hard to get in this car. And you can cruise at over 80 mph. all day without worrying about overheating (the engine is air cooled). Parts cost less because they are standard Volkswagen parts. Two adults ride in the comfortable front bucket seats, two children in the jump seats in the rear. If you like, fold down the rear seat and get additional space for luggage. Of course, there are the two large luggage compartments in front and rear. A convertible 1500 is also available. It looks even more dashing.

Eine Seite aus einem kanadischen Prospekt für den Typ 34 von 1962. Der Designer Luigi Segre wird ausdrücklich erwähnt. Sogar das nicht realisierte Cabrio vom Typ 341 wird beworben: „Ein 1500 Cabrio ist ebenfalls erhältlich. Es sieht sogar noch rasanter aus!“

VW 1500 Cabriolet

Die Prospekte für den VW 1500 Cabrio waren schon in verschiedenen Sprachen gedruckt worden, bevor die Leitung in Wolfsburg das Projekt stoppte.

Why is this convertible like a sedan?

Everybody knows that it is fun to drive a convertible with its top down. Plenty of fresh air. And plenty of sun.
But what if the sun doesn't shine? What if it rains? Or snows? Or is just nasty outside?
That is when this VW 1500 Convertible has a very definite advantage. Its top. (It is more than just a piece of waterproof cloth.)
When you are inside the car, you don't see any ugly struts or crossbars. Only a smooth and beautiful canopy. The entire roof protects you from cold and noise.
And how quickly it is opened or shut. And how closely it fits. No water gets into this convertible. Even when you spray it with your gardenhose at full throttle. In case you want to wash it, for instance.
Please look at the rear window. It's big – like in a sedan. And it is not just plastic – it's real glass. It is safety glass. As are all the windows on every Volkswagen.
When the top is folded down, you can hardly see it. That is what gives this automobile its clean, simple, elegant look.
That is how a convertible should be made.
For open-air driving? By all means.
But you should also have a roof over your head. And it should be nice and cozy inside.

Doppelseite eines Prospekts für das nie realisierte Cabrio vom Typ 35

Kapitel 12
Der australische Typ 3

Die erste Lieferung offiziell importierter Volkswagen-Fahrzeuge traf gegen Ende des Jahres 1953 in Melbourne ein. Mit diesen 31 schwarzen Käfern begann der Volkswagenvertrieb in Australien, aber als komplett gefertigte Fahrzeuge unterlagen sie hohen Importzöllen. Da sie aus einem Land kamen, das nicht dem Britischen Reich angehörte, waren die Gebühren sogar noch höher.

Von Anfang an plante Volkswagen daher, die Autos gleich in Australien herzustellen. Um den australischen Betrieb aufzubauen, wurde Baron von Oertzen entsandt, der bereits nach einem ähnlichen Prinzip den Volkswagen-Betrieb in Südafrika eingerichtet hatte. Zunächst wurden Kisten mit teilzerlegten Fahrzeugen zur Montage in die kleine Fabrik in Melbourne geliefert. Nach und nach wurde der Anteil an in Australien gefertigter Teile erhöht, um Abgaben zu sparen.

Als der CKD(Completely Knocked Down)-Montagebetrieb immer mehr zunahm, eröffnete Volkswagen im Juni 1954 eine weitere Fabrik in Clayton, einem Stadtteil von Melbourne, um dort eine komplette Fertigungsstraße zu bauen. Bis dahin waren nur Käfer endmontiert worden, aber ab 1955 liefen auch Bulli T1 vom Band. Ab 1960 wurden die Käfer- und Bulli-Karosserien in der werkseigenen Presse von Clayton aus australischem Stahl gefertigt. Die Kurbelgehäuse, Zylinderköpfe und Getriebegehäuse entstanden schon bald in der VW-eigenen Gießerei in Clayton. Die Fabrik war immer mehr zu einem australischen Betrieb geworden, in dem sehr viel australisches Material verarbeitet wurde (darunter Glas, Elektroteile, Polsterungen, Reifen usw.) und der es mit Holden, Ford, Chrysler und BMC aufnehmen konnte.

Ab Februar 1963 kamen einige wenige als Komplettfahrzeuge importierte Typ 31 und Typ 36 ins Land.[1] Der Typ 36 wurde zunächst nicht als VW Variant, sondern als VW Station Wagen (die englische Bezeichnung für einen Kombi) vermarktet, da die Bezeichnung „Variant“ eine zu große Ähnlichkeit mit dem in Adelaide gefertigten Chrysler Valiant auf-

1. Bei diesen Fahrzeugen waren die Sitze noch mit Stoff bezogen. Als bei den in Australien montierten Typ 3 immer mehr lokales Material zum Einsatz kam, wurden die Sitze mit Vinyl bezogen, das als robuster angesehen wurde und in Australien hergestellt wurde.

Das Ende der Fertigungsstraße mit brandneuen, fast kompletten 1963er Typ 3

Endkontrolle des Typ 3 im Werk in Clayton. Diese genaue Überprüfung trug erheblich zum Ruf von VW bei.

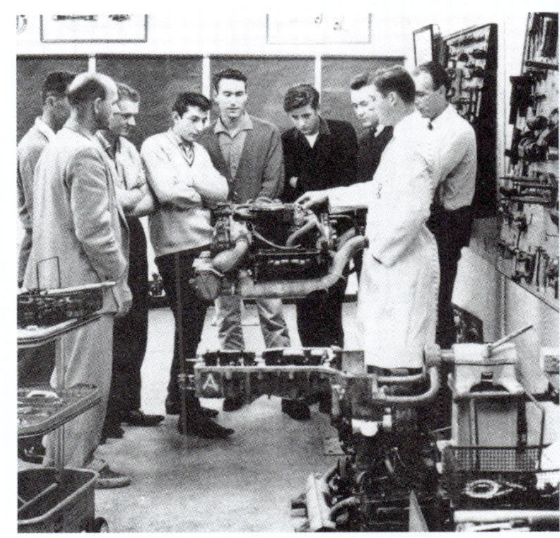

Links: Zwei Reihen großer Hydraulikpressen im Werk in Clayton. Hier wurden die Karosseriebleche für den Typ 3 aus australischem Stahl hergestellt. Mitte: Punktschweißen von Karosserieteilen des Typ 36. Diese Aufgabe wird heutzutage von Robotern erledigt, die schneller und genauer arbeiten als Menschen. Rechts: Monteuren der Fabrik in Clayton wird der Flachmotor des Typ 3 erklärt.

wies. Ab 1966 wurde die amerikanische Bezeichnung „Squareback“ verwendet.

Die Montage des Typ 31 aus gelieferten CKD-Sätzen begann im April 1963, und im Juli liefen in Clayton auch die ersten Fahrzeuge vom Typ 36 vom Band.

Bei der Produktion des Typ 3 in Clayton von 1963 bis 1967 wurden viele der Änderungen, die an den deutschen Autos erfolgten, nicht sofort umgesetzt. Beispielsweise gab es an Vorderrädern keine Bremsscheiben, bis die lokale Fertigung 1968 auslief und 1969 durch CKD-Montage ersetzt wurde. Ein weiteres Beispiel ist die lokal hergestellte Version des 1500S, der die vielen Luxusmerkmale des deutschen 1500S fehlten, z. B. aufklappbare hintere Seitenfenster, der Griff an der vorderen Kofferraumhaube, Stoßstangenhörner, stromlinienförmige Rückstrahler, horizontale Blinker statt der alten Pickelblinker usw.

Der 1500S wurde auch als „Twin S“ vermarktet.

Der australische 1500S hatte weniger Zierelemente, aber immer noch den leistungsstarken Motor mit Zweivergaser-Anlage, allerdings mit einem geringeren Verdichtungsverhältnis als das deutsche Pendant (M 249).

Ein herrlicher australischer 1500 aus den Anfangstagen der australischen Produktion

Einige der ersten australischen Wagen hatten noch deutsche Sitzbezüge.

Später wurde in Australien hergestelltes Vinyl verwendet.

Von 1964 bis 1967 waren in Australien weiße oder transparente Blinker vorgeschrieben.

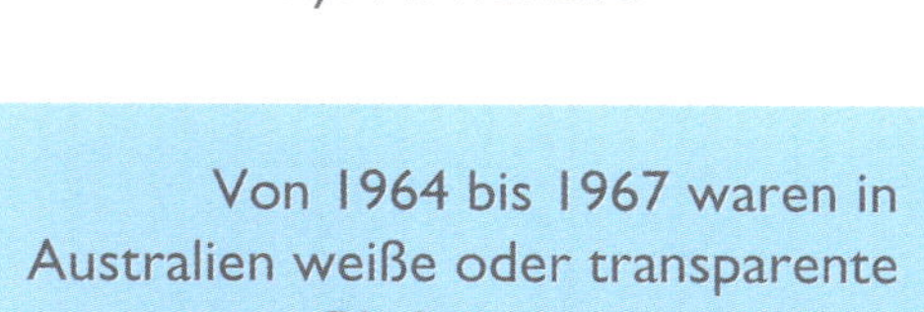

Bei dem im Vergleich zu Deutschland geringen Produktionsvolumen lohnte es sich für das australische Werk nicht, die Änderungen der einzelnen Modelljahre umzusetzen, solange die alten Teile noch nicht aufgebraucht waren. Beispielsweise hatten einige CKD-montierte Fahrzeuge vom Typ 3 noch Schlitze für die Tastenreihe (Klaviertastatur) im Armaturenbrett, die jedoch mit den einfacheren Zugschaltern versehen und mit Kunststoffblenden verschlossen wurden (siehe Kapitel 8). In Deutschland gab es beispielsweise Umrüstsätze bestehend aus Blechstreifenblenden mit passenden Aussparungen für die neuen Zugschalter.

Ein in Australien gefertigter Typ 36 Kombi von 1967, der für europäische Augen eine sonderbare Mischung aus Alt und Neu darstellt. Es handelt sich hierbei um ein gehobenes Modell mit Chromzierleisten und aufklappbaren Seitenfenstern, aber mit Pickelblinker, Stoßstangen ohne Hörner, einer 6-Volt-Anlage und Trommelbremsen. Dagegen verfügten alle deutschen Typ 3 ab 1966 über Scheibenbremsen und eine 12-V-Anlage.

Die Fahrgestellnummern wurden über die australischen und die deutschen Autos hinweg gemeinsam geführt. Daneben hatten die in Australien hergestellten Wagen noch eine Karosserienummer, die vor der Lackierung angeschweißt wurde (im Bild die Nummer SWB3711). Die Farbnummern unterschieden sich von den deutschen, da die Lacke lokal von Dulux oder BALM Paints hergestellt wurden.

Von 1966 bis 1967 gab es eine besondere Deluxe-Ausgabe des 1500 mit Stufenheck und Einzelvergaser, die mit einer eingeschränkten Anzahl der „Luxusmerkmale" ausgestattet war, etwa mit den Kunstledersitzen der deutschen Modelle, Chromzierleisten an der Seite und hohen Rückleuchten.

Als die australische Fertigung des Typ 3 Ende 1967 eingestellt wurde, hatten etwa 26.000 Exemplare des Typ 3 das Werk in Clayton verlassen, was im Vergleich zu den Zahlen von Deutschland, wo allein 1966 311.000 Stück gefertigt wurden, nicht viel war. Bei einer kleinen Auflage wie dieser war es selbstverständlich nicht möglich, sich penibel an die Modelländerungen

Ein wirklich schöner, im Originalzustand erhaltener, 50 Jahre alter 1600TS, der in Australien aus einem CKD-Satz endmontiert wurde. Beachten Sie die Felgen mit fünf Radmuttern und Trommelbremsen, die transparenten Blinker vorn und die in Australien hergestellten Sitzbezüge aus Kunstleder.

In den 60er Jahren waren viele australische Autohersteller, darunter auch Volkswagen, stolz auf die lokale Fertigung und zeigten dies durch einen Aufkleber an der Heckscheibe. Im Jahr 2019 kam die Autoproduktion in Australien zum Erliegen. Die letzten Hersteller waren General Motors, Toyota, Ford und am Schluss nur noch Holden.

Bei diesem angeschlagenen 1600TS sind die offenen Felgen mit fünf Radmuttern gut zu erkennen.

Bei den 1600ern mit Fließheck wurde 1967 auf die Kennzeichnung als TS verzichtet.

Ein australisches „Change-over-Modell“ mit einer Fahrgestellnummer von 1968. Dieser Kombi sieht einem deutschen Modell von 1966 mit 1600er Motor und breiten Chromstreifen sehr ähnlich, ist aber ein australisches 1968er Modell mit Trommelbremsen und 6-V-Anlage. Die Heckklappe ist im Stil von 1967 oder früher gehalten. Dieses Fahrzeug rollte im August 1967 mit der Fahrgestellnummer 368 011943 vom Band.

und Modernisierungen zu halten, die in Deutschland erfolgten.

Während der Modelljahre 1966 und 1967 wurde ein als 1600TS bezeichnetes Modell in Australien aus CKD-Sätzen montiert, erhielt aber einen hohen Anteil an australischen Teilen (nach dem Import einer Handvoll deutscher 1600TL). Der 1600TS entsprach im Grunde genommen dem deutschen 1600TL mit Fließheck, allerdings gab es einen erheblichen Unterschied: Die australische Version hatte immer noch Trommelbremsen. Außerdem vertraute man 1967 werksseitig auf die bewährte 6-V-Anlage, während der deutsche 1600TL schon auf 12 V umgestellt war.

Anfang 1967 wurden ebenso wie viele andere Teile auch die Typ-3-Chassis in Australien hergestellt. In jenem Jahr gingen allerdings die Autoverkäufe in ganz Australien zurück. Die Höfe der Händler waren voll von unverkauften Käfern und Typ 3. VW erlitt schwere Verluste. Der Öffentlichkeit war klar, wie veraltet die in Australien gefertigten VW-Fahrzeuge waren.

Die Volkswagen AG in Deutschland entschied daher, die australische Produktion einzustellen und stattdessen auf eine CKD-Endmontage mit wenigen lokalen

Ein gut erhaltener australischer 1600TLE mit Fließheck von 1971. Die Keder zwischen den Karosserieblechen sind schwarz und nicht wie bei den deutschen Autos in der Karosseriefarbe eingefärbt.

Die billigste Ausführung der Stufenhecklimousine von 1970 hatte lediglich ein TS-Schild anstelle der Begrenzungsleuchten. Möglicherweise suchte man im Werk nach irgendeiner Verkleidung für die Bohrung und hatte noch alte TS-Schilder übrig. Außerdem waren die Drehfensterrahmen beim Kastenwagen lackiert und nicht verchromt.

Teilen zu setzen. Pressen und Großwerkzeuge der Fabrik in Clayton wurden an andere Hersteller und an das VW-Werk in Brasilien verkauft. Die Anlage wurde auf reine Endmontage umgerüstet, was eine völlig andere Betriebsart als die bisherige Komplettfertigung darstellte. Im August 1967, also im Modelljahr 1968, rollten die letzten in Australien hergestellten Fahrzeuge des Typ 3 vom Band

Zwei der ersten CKD-montierten Typ 3 des Modelljahrs 1969, immer noch in wunderbarem Zustand

in Clayton. Das allerletzte Exemplar war ein Kombi mit der Fahrgestellnummer 36 8 023901. Da die Geschäftsführung allerdings die Anweisung gegeben hatte, den Teilevorrat aufzubrauchen, bestanden viele dieser 1968er Modelle aus einer Mischung von Teilen früherer Modelljahre. Auch heute noch nennen viele australische VW-Fans diese Autos „Change-over-Modelle".

Es dauerte einige Zeit, bis der Berg der produzierten 1968er Modelle abgebaut war, und die Umrüstung des Werks auf die CKD-Montage nahm ebenfalls Monate in Anspruch. Danach wurden zunächst Fahrzeuge der Typen 1 und 2 endmontiert. Die ersten im CKD-Verfahren hergestellten Typ 3 waren 1969er Modelle und wurden nach dem 1. August 1968 gebaut. Allerdings wiesen sie immer noch einen hohen Anteil an australischen Teilen auf, z. B. Lack, Elektrobauteile, Glas, Reifen, Batterien, Instrumente usw., ganz zu schweigen von der Arbeitskraft. Während der ganzen Zeit der CKD-Montage von 1969 bis 1973 wurden ausschließlich australische Farben und damit auch Farbcodes verwendet.

Alle australischen Exemplare des Typ 3 ab 1969 hatten einen 1600er Motor mit Zweivergaser-Anlage. Ein Automatikgetriebe war bei allen drei Modellen optional erhältlich. Ab 1971 gab es die Fließhecklimousine auch mit dem bereits bewährten Einspritzsystem D-Jetronic von Bosch. In dieser Ausführung wurde sie als 1600TLE bezeichnet. Die Einspritzanlage wurde als umweltfreundliche Option angeboten. Sie funktionierte gut, war zuverlässig und zeigte keine Aussetzer, die bei den Zweivergaser-Ausführungen auftreten konnten. Eine mögliche Achillesferse waren dagegen die Benzinschläuche, die mit zunehmendem Alter und Verschleiß eine mögliche Brandquelle darstellen konnten, da das Einspritzsystem einen höheren Druck brauchte, der durch eine elektrische Benzinpumpe bereitgestellt wurde. Bei den australischen Stufenhecklimousinen und Kombis wurde die Einspritzanlage nie angeboten.

Bei den 1971er Modellen wurden die erhöhten Vordersitzlehnen eingeführt, die in Australien inzwischen vorgeschrieben waren. Ebenso wie die deutschen Gegenstücke hatten auch die australischen Modelle von 1973 verstärkte Chassis und die Scheibenbremsen mit größerem Bremssattel des Typ 4. Bei den 1972er und 1973er Modellen waren die in Australien hergestellten VDO-Instrumente den deutschen überlegen. Für den australischen Typ 3 gab es auch spezifisches Qualitätszubehör (siehe Kapitel 5).

Als die Fertigung des Typ 3 in Australien im September 1973 nach zehn Jahren endete, waren dort knapp über 55.000 Fahrzeuge vom Typ 3 hergestellt worden. Das ist sehr wenig im Vergleich zur deutschen Produktion von 2.600.000 Stück in 12 Jahren und sogar den 460.000 Fahrzeugen, die in Brasilien im Verlauf von 14 Jahren gebaut wurden. Zwar sind das mehr als die 38.000 Exemplare, die in Südafrika hergestellt wurden, allerdings war der Typ 3 dort auch nur sechs Jahre im Programm.

Die Produktion des Typ 3 in Deutschland endete im Juni 1973 und wurde durch die Herstellung des wassergekühlten Passat mit Frontantrieb ersetzt, der auf dem Audi 80 basierte. In Australien wurde die CKD-Montage des Typ 3 ebenfalls eingestellt, allerdings erst im September 1973. Im Dezember wurde dort ebenfalls die Herstellung des Passat aufgenommen, allerdings war der Anteil an australischen Teilen dabei geringer als beim australischen Typ 3, wo er 1973 noch 55 bis 60 % erreicht hatte.

Die in Australien hergestellten und endmontierten Typ 3 wurden in geringer Stückzahl auch nach Papua-Neuguinea, Fidschi und Neuseeland exportiert. Eine sehr geringe Anzahl der ersten australischen Typ-3-Stufenhecklimousienen wurden in der Tat im neuseeländischen Werk Otahuhu in Auckland aus CKD-Sätzen montiert. Wie viele neuseeländische Teile sie enthielten, ist unbekannt.

Die letzten in Australien CKD-montierten Typ 3 von 1973 waren wirklich schön. Die folgenden Bilder zeigen einen davon …

Baudatum 6/73, Fahrgestellnummer 363 2 070 436. Als Farbe ist der Dulon-Acryllack „Wattle 566-13971“ von Dulux angegeben.

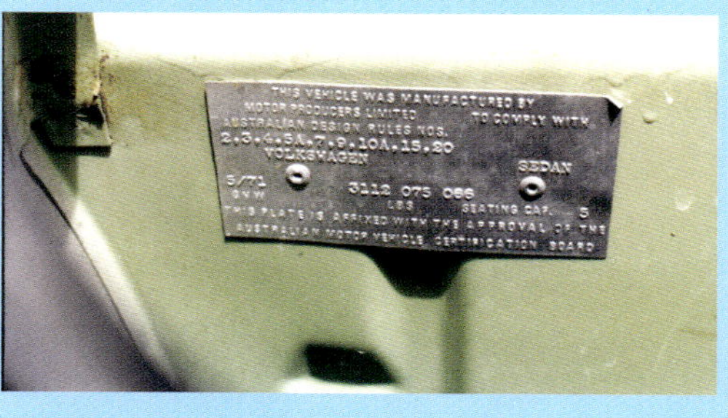

Eine wunderschöne Fließhecklimousine aus australischer CKD-Montage von 1971. Bei genauerem Hinsehen kann man jedoch erkennen, dass die Farbe oberhalb des Typenschildes verlaufen ist – nicht gerade ein Musterbeispiel an Qualitätskontrolle.

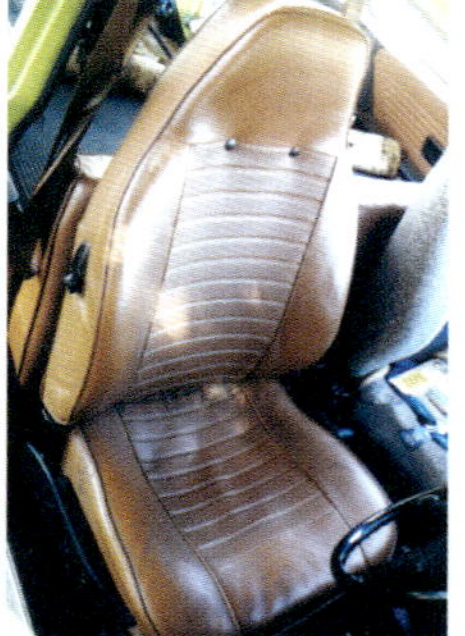

Sitze des australischen Typ 3, links: 1972; rechts: 1973

Türinnenverkleidung, Motor und Ladefläche eines australischen Typ 3 von 1973

Ein australischer Typ 36 von 1973; im Hintergrund mein 1969er VW 411

Beim Abnehmen der Schriftzüge ist Vorsicht geboten, um die beiden kleinen Zapfen nicht abzubrechen. Im Bild ist auch eine der vier kleinen Klammern zu sehen, die ebenfalls sehr behutsam abgelöst werden müssen, vor allem, da man dabei nicht sehen kann, was man tut.

Der rare Schriftzug „Type 3" wie er auf den australischen Typ-3-Modellen von 1972 und 1973 zu finden ist

Bilder aus australischen Prospekten

1964

VOLKSWAGEN INTRODUCES THE VW 1500S

BUILT IN AUSTRALIA BY VOLKSWAGEN AUSTRALASIA LIMITED

1965

1964

1972

1972

Australia wide distribution means spare parts for everyone

Australian Motor Manual—November, 1965—19

Die Werbung von Volkswagen of Australia Mitte der 60er Jahren war für ihre Zeit recht subtil. (Die Dame holt gerade ihren 1500S von der Inspektion ab.)

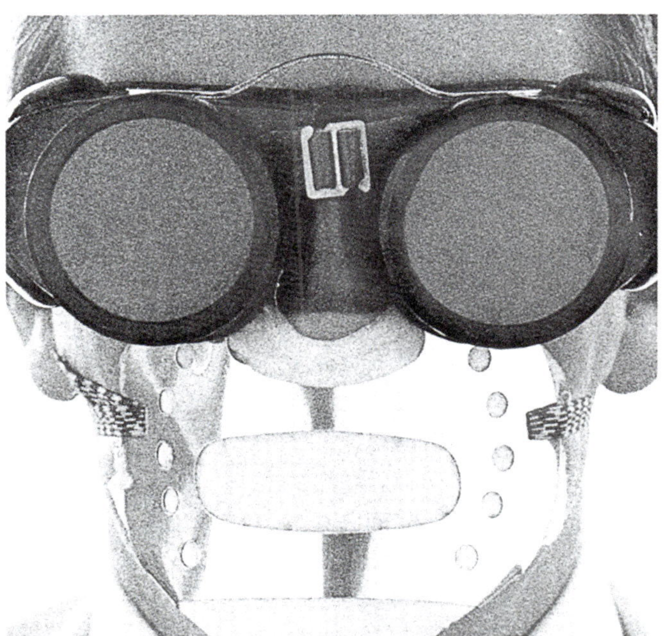

Join the drive for clean air.

California woke up one smoggy morning and banned petrol emission fumes. Before it gets too bad in Australia, Volkswagen suggests we ban some of our own.

Fuel injection is one way of reducing emission fumes, simply because it is generally more efficient than the carburettor. But it used to cost you a lot of money; cars with fuel injection started at $4095 and some systems are optional extras costing $625 and up.

Volkswagen's answer is fuel injection controlled by a computer. Every microsecond, the computer collects data from your engine and from your right foot, and instructs the injector to give each cylinder exactly the amount of petrol needed for optimum performance. Ideally there is no waste at all. So what comes out the tailpipe is about as clean as you can get.

California laid down very stringent criteria for testing car exhausts; the carbon-monoxide level was to be no more than 2.3%, unburned hydrocarbon no more than .00041%. Volkswagen passed with 1% and .00018% respectively.

Now the crunch. You can have a new VW Fastback (regular price $2479) with our computerised fuel-injection for an extra $150—tax paid.

And while you're saving other people's lungs, it's refreshing to know that you're saving money on petrol and getting better performance from your car.

See your VW dealer, you'll breathe easier.

Volkswagen Australia Pty. Ltd.
(A Division of LNC Industries Ltd.)

VWN352A

Die Werbung für das Fließheckmodell 1600TLE

The more you look into them
the more surprises you find.

VW1500 SEDAN · VW1500 TWIN S SEDAN (SPECIAL ENGINE WITH TWIN CARBURETTORS) · VW1500 STATION WAGON

Titelbilder zweier australischer Prospekte von 1964 bzw. 1967. In den Prospekten wurden die Autos oft mit Weißwandreifen gezeigt, obwohl sie von VW nie so verkauft wurden.

Ein bisschen Improvisation, wenn die Kofferraumhaubenstütze nicht mehr funktioniert

Viel Bodenfreiheit: Die „Höherlegung“ an diesem Typ 36 von 1973 gehört selbstverständlich nicht zum werksseitig angebotenen Sonderzubehör.

Auf der Viehkoppel abgestellt: Ein heruntergekommener CKD-montierter Squareback von 1969 wartet auf jemand, der ihn liebevoll restauriert.

Ein schön restaurierter australischer 1500S mit einem Zierstreifen aus offiziellen Volkswagen-Zubehör am Heck. Räder und Radkappen sind jedoch nicht authentisch.

Der Übergang bei den zweifarbigen Lackierungen an den in Australien gebauten 1500S unterscheidet sich …

… von denen der Zweifarben-Lackierung an den in Deutschland gebauten Exemplaren.

Vielen Dank an Volkswagen of Australia für einige der in diesem Kapitel verwendeten Fotos sowie an Phil Matthews für die Hilfe dabei, genauere Produktionszahlen für die australischen Typ-3-Modelle zu ermitteln.

Kapitel 13
Der südafrikanische Typ 3

In Australien wurden insgesamt nur 55.000 Stück des Typ 3 gebaut, komplett hergestellte und CKD-endmontierte Fahrzeuge zusammengerechnet. Die südafrikanische Produktion war mit 38.000 Exemplaren noch geringer. Dem gegenüber stehen 2.600.000 in Deutschland gebaute Typ 3. Wenn es nur nach der Wirtschaftlichkeit großer Serien gegangen wäre, hätte sich die Produktion in Australien und Südafrika von selbst verboten. Allerdings war es damals weltweit üblich, Handelshemmnisse in Form von Importzöllen aufzubauen, um die lokale Produktion zu fördern. Das galt eine Zeit lang in beiden Ländern, weshalb ein großer Hersteller wie Volkswagen sich die geringen Produktionszahlen seiner ausländischen Tochterunternehmen leisten konnte. Die Zollschranken gibt es jedoch nicht mehr, weshalb die gesamte Autoproduktion in Australien 2017 endete. Die Volkswagen-Produktion im südafrikanischen Uitenhage hat jedoch trotz des Wegfalls der Zollschranken bemerkenswert zugenommen, was einfach daran liegt, dass Facharbeiterstunden in Südafrika im Vergleich zu Australien billig sind. Heute werden in Südafrika gebaute Golf- und Polo-Modelle in viele verschiedene Länder exportiert, darunter nach Australien, Großbritannien und sogar China.

Als die Produktion des Typ 3 in Südafrika 1969 endete, geschah dies trotz guter Verkaufszahlen aufgrund der Entscheidung des Managements, auf den Typ 4 umzuschwenken. Das technisch fortschrittlichere und größere Auto war für wohlhabende Familien der Mittelklasse gedacht und sollte die Verkaufszahlen von VW steigern. In Südafrika war der Typ 4 tatsächlich ein Erfolg, während der Typ 3 schon ein bisschen veraltet wirkte.

Wenige Jahre später, nämlich 1973, endete die australische Produktion des Typ 3 in einer Zeit, die sich durch einen allgemeinen Rückgang der Nachfrage nach Autos, eine verschärfte Konkurrenz von Ford, Holden, Chrysler und Leyland und neuer Konkurrenz aus Japan auszeichnete, die durch den allmählichen Abbau der Schutzzölle hervorgerufen wurde. Die Ablösung des Typ 3 durch das neue Modell Passat konnte den Niedergang jedoch nicht aufhalten: Die Schließung der Produktionsstätten von Volkswagen of Australia war unumgänglich, daran sollte auch die vorrübergehende Montage des Golf nichts ändern. 1976 wurden alle Volkswagen-Modelle nur noch importiert. In Südafrika sah es trotz des Wegfalls der Zollbarrieren und der japanischen Konkurrenz anders aus, da hier geschulte, kompetente, aber relativ billige Arbeitskräfte zur Verfügung standen.

1951 begann die CKD-Montage des Käfer neben der von Studebaker- und Austin-Modellen, wobei der Anteil an lokal hergestellten Teilen stieg. Die CKD-Montage der Typ-3-Stufenheckmodelle wurde im August 1963 in Uitenhage (etwa 30 km von Port Elizabeth) aufgenommen. Im September gingen die ersten Exemplare in den Verkauf, und im November kam der Variant hinzu. Auf dem Markt waren hier die Stufenhecklimousine, der Variant und ab 1966 auch das Fließheckmodell. Für den Produktionsstart wurde viel Werbung betrieben. Eine Reihe von südafrikanischen Stufenheck- und Variantmodellen wurden an Journalisten ausgegeben, die damit die 800 km lange Reise von Port Elizabeth nach Kapstadt antreten durften.

Anfang 1964 wurde der 1500S als Stufenhecklimousine und Variant eingeführt. Diese Fahrzeuge hatten zwar alle Extras des europäischen 1500S, aber immer noch den Motor mit einzelnem Querstromvergaser. Der Zweivergaser-Motor kam im November 1964 für die 1965er Modelle auf. Um den neuen Motor herauszustellen, wurde diese Ausführung als 1500 Twin S vermarktet.

Als Grund dafür, dass der 1500S ursprünglich nur mit Einzelvergasermotor verkauft wurde, wird gewöhnlich angegeben, dass sich VW Sorgen wegen der

Die Pressemodelle des Typ 3 in Stufenheck- und Variant-Ausführung

Journalisten konnten die Autos auf weniger stark frequentierten öffentlichen Straßen probefahren.

Ein echter 1500 Twin S von 1965 in noch sehr ursprünglichem Zustand. Er ähnelte sehr stark dem deutschen 1500. Es gab nur wenige Unterschiede, etwa die Farben und das Material der Sitzbezüge (Vinyl). Die kleinen, weißen Rückstrahler vorn an dem Wagen waren zwischen 1960 und 1970 in Südafrika für den Straßenverkehr vorgeschrieben.

Im August 1963 rollt der erste südafrikanische 1500 mit Stufenheck vom Band.

Ein südafrikanischer 1500S mit einzelnem Querstromvergaser aus der frühen Produktionszeit

Oktanzahl des in Südafrika erhältlichen Benzins machte.[1] Von außen lässt sich ein 1500 Twin S nur anhand eines Aufklebers an der Heckscheibe mit der Aufschrift „Twin S" vom 1500S mit einzelnem Querstromvergaser unterscheiden.

Im Modelljahr 1966 erhielt der Typ 3 den neuen, größeren 1600er mit Zwei-

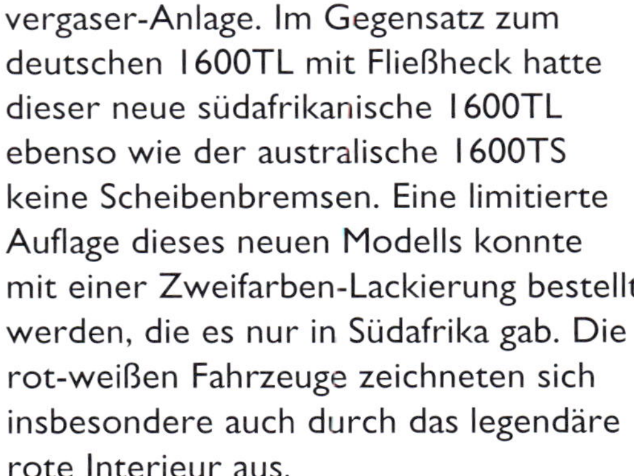

vergaser-Anlage. Im Gegensatz zum deutschen 1600TL mit Fließheck hatte dieser neue südafrikanische 1600TL ebenso wie der australische 1600TS keine Scheibenbremsen. Eine limitierte Auflage dieses neuen Modells konnte mit einer Zweifarben-Lackierung bestellt werden, die es nur in Südafrika gab. Die rot-weißen Fahrzeuge zeichneten sich insbesondere auch durch das legendäre rote Interieur aus.

Gegen Ende des Modelljahrs 1966 war die Stufenhecklimousine mit 1600er Zweivergasermotor erhältlich, allerdings mit nur wenigen Extras.

1967 wurde die elektrische Anlage aller südafrikanischen Modelle ebenso wie die der deutschen Fahrzeuge auf 12 V umgestellt. 1969, dem letzten Produktionsjahr des Typ 3 in Südafrika, war auch ein Automatikgetriebe zusammen mit Schräglenker-Hinterachse erhältlich. Bei den Modellen mit manuellem Schaltgetriebe wurden jedoch die Felgen mit fünf Radmuttern, Trommelbremsen vorn und

1. Der südafrikanische Twin S erhielt einen Motor mit Zweivergaser-Anlage, der ein Verdichtungsverhältnis von nur 7,8:1 aufwies, wohingegen das deutsche Triebwerk mit 8,5:1 verdichtete. Die australischen 1500S mit Zweifachvergaser arbeiteten übrigens ebenfalls mit 7,8:1 Verdichtung.

Endkontrolle des Typ 3 gegen Ende der 60er Jahre

Ein kaum noch sichtbarer Twin-S-Aufkleber an der Heckscheibe

Ein zweifarbiger südafrikanischer 1600TL mit Fließheck von 1966 mit rotem Armaturenbrett, rotem Lenkrad und roten Polstern

Das riesige Volkswagenwerk in Uitenhage heute

Pendelachsen hinten beibehalten. Zeitgleich mit der Automatikoption wurden 1969 auch die Zweikreis-Bremssysteme für alle VW-Fahrzeuge eingeführt.

Während der Produktion des Typ 3 in Uitenhage stieg der Anteil lokal hergestellter Teile auf mehr als 60 %. Das lag insbesondere daran, dass das Unternehmen seine großen Pressen und Eisen- sowie Nichteisengießereien intensiv nutzte.

Von August 1963 bis März 1969, als auf den Typ 4 umgestellt wurde, wandelte sich die Fertigung des Typ 3 von einer Endmontage aus CKD-Sätzen zu einer Herstellung mit mehr als 60 % lokal hergestellten Teilen.

1963	**2094**
1964	**5503**
1965	**5762**
1966	**7577**
1967	**7286**
1968	**6009**
1969	**4132**

Im Zeitraum von sechs Jahren wurden in Südafrika nur 38.363 Exemplare des Typ 3 gefertigt. Trotz der kleinen Produktionsmenge blieb der Betrieb überlebensfähig. Nach eigenen Angaben hat das Werk 1970 übrigens noch 50 Exemplare des Typ 3 gebaut, allerdings handelt es sich dabei um die verbliebenen Restfahrzeuge. Der langschnauzige Typ 3 der Jahre 1970 bis 1973 wurde in Uitenhage nie gebaut und in Südafrika auch nie verkauft. Stattdessen produzierte das Werk in den nächsten sechs Jahren 34.000 Exemplare des Typ 4 und danach den Passat, den Golf, den Jetta und den Polo. Im 21. Jahr-

Stufenheckmodell 1500 mit Einzelvergaser von 1966

Stufenheckmodell 1600 mit Zweivergaser-Anlage von 1966

Ein wunderschöner südafrikanischer 1600TL mit Fließheck von 1967 (oben). Leider wurden die Zierringe gestohlen, allerdings waren es die gleichen wie bei dem 1600L Variant von 1969 (unten). Beide Fahrzeuge hatten noch Pendelhinterachsen und Trommelbremsen, aber schon eine 12-V-Anlage. Die verwendete Polstermaterial gab es nur in den südafrikanischen Fahrzeugen.

Ein südafrikanischer 1600L Variant mit manuellem Schaltgetriebe am Lootsberg-Pass nördlich von Port Elizabeth (mit Nummernschild von Port Elizabeth)

Ein südafrikanischer 1600L Variant von 1968 (mit Nummernschild von Uitenhage)

hundert gedeiht Uitenhage weiter und kümmert sich auch um den Exportmarkt, der eine der Stärken von VW in Südafrika ist. Dabei erfolgt der Export des Golf, Jetta und Polo nicht nur in Länder mit Linksverkehr, sondern auch mit linksgesteuerten Fahrzeugen nach China.

Vielen Dank an Adriaan Pienaar, John Lemon, Joyce Higton und Volkswagen of South Africa für die Fotos.

Ein weiterer prächtiger 1600TL aus Südafrika von 1967: Die hinteren Seitenfenster ließen sich ausstellen. Das Nummernschild wurde in Kapstadt ausgegeben. (Mit freundlicher Genehmigung von Cardomain)

Diese Innenaufnahme eines roten 1600TL von 1967 zeigt die besonderen Vinylsitze, die es nur in Südafrika gab.

For R1,762 you get twin carburettor performance plus a Volkswagen.

Say "Twin Carburettors" to most men and right away they think of souped-up sports cars.

Fair enough. For twin carburettors do mean speed. And performance. And power.

That's what they mean in the new Volkswagen Twin S. But it's power with purpose. Power with endurance.

Sure, you can whip up a high speed. But it's cruising at 85 *all day* that this 1.5 litre engine was built for.

And the 13-second, 0-50 acceleration is the kind of passing power that steers you clear of trouble—not into it.

The big thing to remember about the Twin S is that it's a Volkswagen. A big Volkswagen. A luxury Volkswagen.

But still a Volkswagen, with the engineering—and the finish—that have made Volkswagen famous.

At R1.762* you could say that the Twin S is the best value on the road. And you'd be right. If it wasn't for the Twin S Station Wagon at R1.842*.

**Prices standard throughout South Africa.*

VOLKSWAGEN TWIN S

February 1965

Südafrikanische Werbung für den Twin S von 1965

Ein alter, aufgegebener südafrikanischer 1600TL von 1968 wird aus dem Busch gerettet. Er wurde restauriert und führt jetzt ein Leben als Klassiker.

Kapitel 14
Kastenwagen Typ 36

Bei der Lieferwagen- oder Kastenwagenausführung des Typ 3 handelte es sich im Grunde genommen um einen einfachen Typ 36 mit 1500er Einzelvergasermotor und der VW-Option M 264 sowie meistens auch der Option M 265 (siehe die Liste der M-Optionen in Kapitel 4). Bei der Option 264 handelt es sich um einen gewöhnlichen Typ 36 Variant, bei dem jedoch die mittleren und hinteren Seitenfenster nicht über Fensterscheiben, sondern über eingeschweißte Bleche verfügten. Bei der Option M 265 gab es keine Rückbank, sondern dafür eine eingeschweißte Metalltrennwand. Das Teil, das sonst den hinteren Abschluss der Rückbank bildete, wurde dabei horizontal eingebaut.

Ab August 1967 waren die meisten Kastenwagen auch mit der Option M 263 ausgestattet, einer Schwerlast-Hinterradaufhängung aus Pendelachse, stärkeren bzw. steiferen hinteren Torsionsstangen und größeren Stoßdämpfern, sodass das Fahrzeug schwerere Lasten aufnehmen konnte. Vom Modelljahr 1969 bis 1973 behielten einige die Konstruktion mit Schräglenker-Hinterachse bei. Einige Kastenwagen, die das Wolfsburger Werk verließen, verfügten auch über ein

Ein Prototyp des Kastenwagens, der es niemals in die Produktion schaffte

Ein Kastenwagen von 1962. Durch das Heckfenster ist die Rückbank gerade noch zu sehen. Es handelt sich also um eine Ausführung mit der Option M 264.

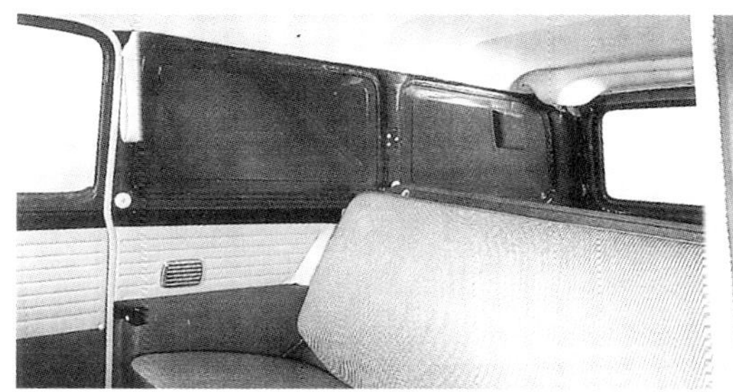

Bei der Option M 264 sind die Fenster mit eingeschweißten Blechen verkleidet. Die Rückbank ist nach wie vor vorhanden. Dieses Fahrzeug verfügt sogar über eine Armlehne und einen Aschenbecher für die Insassen. Natürlich kann der Rücksitz wie bei allen Variant flach nach hinten geklappt wurden, um die Ladefläche zu vergrößern.

Auch bei der Option M 265 sind die Fenster mit eingeschweißten Blechen verkleidet, es gibt jedoch keine Rückbank mehr, sondern eine Metalltrennwand. Die Rückenlehne der Bank ist ohne die Polster flach eingebaut. Sie kann angehoben werden, um den Zugang zur Batterie und zu etwas mehr zusätzlichem Stauraum freizugeben.

M 264
M 265
VW-Variant N as Delivery Van

Here you have the possibility of ordering the VW-Variant N as a pure utility vehicle.

M 264: Welded in metal plates instead of glass in the middle and rear windows.

M 265: Welded in metal plates instead of glass in the middle and rear windows with welded in partition behind the front seats.

Auszug aus einem australischen Prospekt mit Angabe der möglichen Optionen

Dieses Foto eines Typ-3-Kastenwagens entstand am Tete in Mosambik: Hier steht der Wagen auf der Fähre über den Sambesi.

Dieser prächtige, nach norwegischen Spezifikationen gebaute Typ 36 in Kastenwagenausführung von 1969 wurde vom Typ-3-Spezialisten Mario Steinhauser vom T3HQ[1] in Waldershof restauriert.

Der in Deutschland gebaute 1600 Variant nach dem Umbau. Einer der wenigen Hinweise darauf, dass dies einst ein Kastenwagen war, sind die Rahmen der vorderen Ausstellfenster, die in Lotusweiß lackiert und nicht verchromt sind. Der Autor hat die zweifarbigen Felgen mit Aluminium-Zierringen versehen und die hohen Rücklichter vom Modell L sowie stromlinienförmige, verchromte Rückstrahlergehäuse angebracht.

Eine Seite aus einem norwegischen Prospekt für den 1969er Kastenwagen. Wie andere Variant verfügt er über Scheibenbremsen. Die norwegischen Spezifikationen verlangten außerdem nach einem Zweivergasermotor. Käufer konnten zwischen Schwerlast-Heckfederung (M 263) und der normalen Aufhängung wählen.

Automatikgetriebe und hatten damit ohnehin die Schräglenker-Hinterachse. Es war auch möglich, den Kastenwagen mit Einspritzmotor, Stahlschiebedach sowie einigen Extras zu bestellen, die es gewöhnlich nur bei den L-Modellen gab.

Die Kastenwagenausführungen des Typ 3 wurden in Wolfsburg von Anfang 1962 bis zum Ende der Typ-3-Produktion im Juni 1973 hergestellt. Auch im VW-Werk von Clayton in Melbourne wurden sie 1965 und 1966 gebaut, größtenteils mit einer Kombination der Optionen M 264 und 265. Diese australischen Kastenwagen unterschieden sich nur leicht von den deutschen. Von ihnen wurden 150 Stück gebaut.

Etwa 150 Kastenwagenmodelle des Typ 36 wurden auch vom VW-Werk Clayton in Melbourne gebaut, allerdings nur in den Modelljahren 1965 und 1966. Dabei handelte es sich um den Typ 36 mit der Option M 265. Sie basierten auf dem 1500er Kombimodell mit Einzelvergaser und der einfachsten Ausstattung und den wenigen Zierteilen. Bei der australischen VW-Tochter wurde der Typ 36 in Kastenwagenausführung als „Type 366 – Opt. V30 Van“ bezeichnet, wahrscheinlich weil VW in Australien nicht das deutsche Nummerierungssystem für die Optionen verwendete. In der australischen Version der VW-Teileliste werden als Unterschiede zwischen dem

Ausgestattet ist dieses Fahrzeug mit den VW-Optionen M 102 (beheizte Heckscheibe), M 246 (Eberspächter-Kraftstoffvorwärmung) und M 072 (1600er Zweivergasermotor von 1969). Statt M 263 (Schwerlast-Hinterradaufhängung in Pendelachsausführung) verfügt er über die reguläre hintere Pendelachse. Gebaut wurde er mit der Option M 265, also mit Blechen statt Glasscheiben in den mittleren und hinteren Seitenfenstern, ohne Rücksitz und stattdessen mit einer eingeschweißten Trennwand. Die Kunstlederbezüge sind die einfachsten, die es gab, die Armstützen in den Türen sind ebenfalls in der grundlegendsten Ausführung gehalten, und eine Sonneblende für den Beifahrer gibt es nicht. Auch eine Uhr sucht man am Armaturenbrett vergebens. Trotzdem ist dieser Wagen wie alle Variant-Kastenwagen aus deutscher Produktion hinten mit Gummibodenmatten ausgelegt.

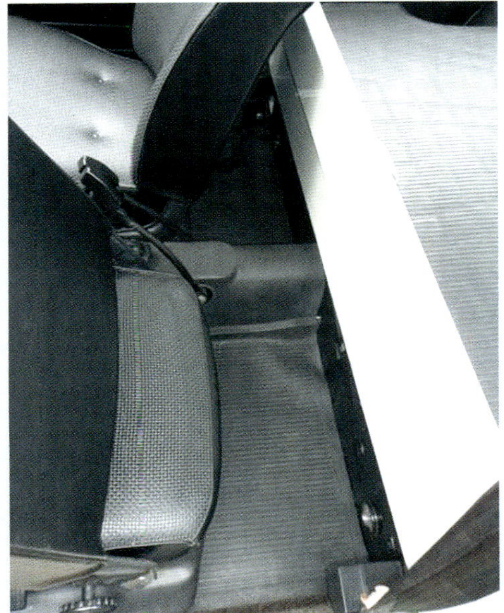

Zwei Bilder eines norwegischen Kastenwagens von 1969. Auffällig sind die Kraftstoffvorwärmung und das Fehlen einer Sonnenblende für den Beifahrer.

Foto aus einem Prospekt mit den 1965er Modellen, von links nach rechts: 1500N Variant, 1500S Variant, 1500 Variant als Kastenwagen

Die in Deutschland produzierten Kastenwagen weist das Typenschild als „Typ 36-265“ aus, wie hier bei meinem Modell von 1968.

1500er Typ 3 Kombi und dem Typ 366 V30 Bleche statt Glasscheiben in den mittleren und hinteren Seitenfenstern, eine niedrige Trennwand hinter den Vordersitzen, das Fehlen einer Rückbank und ein Sperrholzboden im Heck angegeben. Bis auf den Sperrholzboden entsprach dies der deutschen Kastenwagenausführung mit Option M 265.

DK 629.113.5 | VDA-TYPENBLÄTTER | Dezember 1969 (30)

Volkswagenwerk Aktiengesellschaft Wolfsburg	TYP **Volkswagen Variant** als Lieferwagen	Gruppe **13** / Volkswagenwerk / 148

Otto-Motor · 4 Zylinder · 4-Takt · 1,49 l · 45 PS bei 3800 U/min | Nutzlast: 375/465 kg

Triebwerk

Motor

Hersteller und Typ	VW
Höchstes Drehmoment	10,8 mkg bei 2000 U/min
Größte Nutzleistung	45 PS bei 3800 U/min
Hubraumleistung	30,2 PS/l
Mittl. Arbeitsdruck	7,14 kg/cm² bei 3800 U/min
Mittl. Kolbengeschwindigkeit	8,74 m/sec bei 3800 U/min
Verdichtungsverhältnis	7,5
Kurbelverhältnis	3,98
Lage im Fahrzeug	hinten (Hecktriebsatz)
Aufhängung	Dreipunkt/gummigelagert
Schmiersystem	Druckumlaufschmierung
Kühlung	Luft (Gebläse/Kurbelwelle 1:1)
Gewicht	124,5 kg (m. Auspuff-Anl.)
Niedrigst. Kraftstoffverbrauch	225 g/PSh bei 2600 U/min
Zylinder-Anzahl	4
Zylinder-Anordnung	liegend/je 2 gegenüber
Zylinder-Gußform	einzeln
Zylinder-Werkstoff	Sondergrauguß
Bohrung/Hub	83/69 mm
Gesamthubraum	1493 cm³
Zylinderkopf	Leichtmetall/abnehmbar/ 1 Kopf für 2 Zylinder
Abdichtung Zyl./Zyl.-Kopf	keine
Laufbuchsen	keine
Ventilsitzringe	eingeschrumpft
Kolbenhersteller/Typ	MAHLE/Karl Schmidt/NÜRAL
Kolben-Werkstoff	Leichtmetall mit Stahleinlagen, gegossen
Kolbenringe	2 Verdichtungs-, 1 Ölabstreifring
Pleuel	Doppel-T-Schaftquerschnitt
Pleuellager	Gleitlager (Schalen)
Kurbelwelle	4 Gleitlager/geschmiedet
Kurbelgehäuse	geteilt, Leichtmetall
Anzahl der Ventile (je Zyl.)	Einlaß: 1/Auslaß: 1
Anordnung der Ventile	hängend
Einlaßventil öffnet bei	7° 30′ v. OT (bei 1 mm Ventilspiel)
Einlaßventil schließt bei	37° n. UT (bei 1 mm Ventilspiel)
Auslaßventil öffnet bei	44° 30′ v. UT (bei 1 mm Ventilspiel)
Auslaßventil schließt bei	4° n. OT (bei 1 mm Ventilspiel)
Ventilspiel (kalt)	E: 0,10 mm/A: 0,10 mm
Ventilsteuerung erfolgt über	Stoßstangen und Kipphebel
Nockenwelle	im Kurbelgehäuse, eine
Nockenwellen-Antrieb	Zahnräder (schrägverzahnt)

Motor-Zubehör

Kraftstofförderung	Membranpumpe
Kraftstofftank-Füllmenge	40 l
Kraftstoffilter	Metallsieb im Kraftstofftank und in Kraftstoffpumpe
Ölpumpe	Zahnradpumpe
Ölwannenfüllmenge	2,5 l
Ölfilter	Sieb vor Pumpe
Luftfilter	Ölbadluftfilter
Vergaser - Hersteller/Typ	Solex 32 PHN
Vergaser	Flachstrom
Vergaser-Anzahl	1
Vergaser-Einstellung	
Hauptdüse	o 130
Leerlaufdüse	g 50
Lufttrichter	23,5 mm ø
Luftkorrekturdüse	115
Elektrische Anlage	12 V
Zündung	Batteriezündung
Unterbrecher	einf., Kontaktabstand 0,4 mm
Zündverteiler	Bosch/315 905 205 B
Zündverstellung	Unterdruckregler
Zündeinstellung	7,5° KWv. o. T. Markierung an der Riemenscheibe
Zündkerze - Hersteller/Typ	Bosch W 145 T 1/Beru 145/14
Elektrodenabstand	0,6 bis 0,7 mm
Zündfolge	1–4–3–2
Anlasser - Hersteller/Typ	Bosch 003 911 023 A
Anlasser-Leistung	0,7 PS
Anlasser-Betätigung	elektromagnetisch
Übersetzung Antriebsritzel/Schwungrad	i 0,07
Lichtmaschine-Hersteller/Typ	Bosch 311 903 031 F
Lichtmaschinenleistung	280 W
Lichtmasch.-Antrieb	Schmalkeilriemen 9,5 × 1000 mm
Ladebeginn	bei 700 U/min der KW
Übersetzung KW/Lichtm.-Welle	i = 0,38
Batterie-Anzahl/Ausführung	1 Stück, 12 V, 36 Ah

Ersatz für Blatt 13.141 Ausgabe Dezember 1968

Herausgegeben vom Verband der Automobilindustrie, Frankfurt am Main — Verantwortlich für die Richtigkeit der Daten sind die Herstellerfirmen
Vertrieb als Lose-Blatt-Sammelwerk durch Umschau Verlag, Frankfurt a. M., Stuttgarter Straße 18—24 Brönners Druckerei Breidenstein K.-G., Frankfurt a. M.
Nachdruck — auch auszugsweise — nur mit Genehmigung des VDA

13.148 VW

Kraftübertragung

Kupplung	Fichtel & Sachs oder Lamellen u. Kupplungsbau ET 12
Kupplung	Einscheibentrockenkupplung
Schaltgetriebe - Hersteller/Typ	VW
Schaltgetriebe	mech. Stufengetriebe/sperrsynchronisiert
Schaltgetriebe-Anordnung	mit Motor verblockt
Anzahl der Gänge	4 V/1 R
Übersetzungen	i = 3,8/2,06/1,26/0,89/3,61
Geräuscharme Gänge	1. bis 4. Gang
Synchronisierte Gänge	1. bis 4. Gang
Schalthebel-Anordnung	neben Fahrersitz
Schaltungsart	Kugelschaltung über Gestänge
Getr.-Geh.-Ölfüllmenge	3,0 l
Kraftübertragungselement	Schaltgetriebe mit Hinterachse verblockt
Treibende Räder	Hinterräder
Ausgleichgetriebe	Kegelradgetriebe
Antrieb der Halbachsen	Spiralkegelräder
Übersetzung Schaltgetr./Hinterräder	i = 4,125

Fahrwerk

Räder und Bereifung, Lenkung

Räderart	Stahlscheibenräder
Anzahl der Räder	4 (+ 1 Reserve)
Anzahl der Reifen	4 (+ 1 Reserve)
Reifengröße	6,00–15 L 6 PR **)
Reifenluftdruck	vorn 1,3 atü/hinten 2,5 atü
Felgenart	Tiefbett/ungeteilt
Felgengröße vorn/hinten	4½ J × 15
Radaufhängung, vorn	Doppelkurbellangslenker, Stabilisator
Radaufhängung, hinten	Schräglenker mit Doppelgelenkwellenantrieb
Federung, vorn	2 gekreuzte Rundstäbe, querliegend
Federung, hinten	1 runder Drehfederstab auf jeder Seite, querliegend
Schubübertragung	durch Federstreben und Schräglenker
Stoßdämpfer, vorn/hinten	Doppeltwirkende Teleskopstoßdämpfer
Radsturz	20′
Spreizung	6° 10′
Vorspur/Nachspur	5 mm ± 1 mm (bei Leergew.)
Nachlauf	21 ± 3 mm (4°)
Lenkung	Vorderräder/Schneckenrollenlenkung
Mittlere Lenkübersetzung	i_m = 14,8
Größter Radeinschlag	30° innen, 27° ± 1° außen
Lenksäulen-Anordnung	links
Spurstange	Zweiteilig

Bremsen

Bremsanlage - Hersteller/Typ	VW und Ate
Wirks. Bremsfläche, vorn/hinten	80/450 cm²
Bremskraft-Übertragung der Betriebsbremsanlage	hydraulisch
Bremstrommel-/Scheiben-ø hinten/vorn	248/277 mm
Hilfsbremsanlage	Zweikreisbremse
Feststellbremsanlage hinten/vorn	Handbremse

Allgemeine Daten des Fahrgestells

Radstand	2400 mm
Spurweite, vorn/hinten	1310/1350 mm
Bodenfreiheit	150 mm
Bauchfreiheit	60 mm

Allgemeines

Achslasten und Gewichte

	Ausführung ohne erhöhter Nutzlast	Ausführung mit erhöhter Nutzlast
Zulässige Achslast, vorn	580 kg	580 kg
Zulässige Achslast, hinten	940 kg	1030 kg
Zulässiges Gesamtgewicht	1485 kg	1575 kg
Leergewicht	1080 kg	1080 kg
Nutzlast	405 kg	495 kg
Brutto-Anhängelast, gebremst	650 kg*)	650 kg
ungebremst	465 kg	490 kg

*) Wohnanhänger mit Auflaufbremse 800 kg

Sonstige Daten

Höchstgeschwindigkeit	125 km/h
Kraftstoffverbrauch nach DIN 70030	8,4 l/100 km
Ölverbrauch	0,5 bis 1,0 l/1000 km
Spezifische Motordrehzahl	1980 U/1000 m

Maße

Länge über alles	4340 mm
Breite über alles	1605 mm
Höhe über alles	1470 mm
Überhang, vorn	910 mm
Überhang, hinten	1030 mm
Kleinster Wendekreis-ø	11,1 m
Kleinster Spurkreis-ø	10,3 m
Innenmaße des Laderaumes	
Länge	1670 mm
Breite	1260 mm
Höhe	765 mm

Zubehör

Scheinwerfer - Leistung/ø	45/40 W/asymmetr. Abblendlicht 180 mm ø Lichtaustritt/in Kotflügel eingebaut
Abblendeinrichtung	Handumschalter
Begrenzungsleuchte - Anordnung	in Scheinwerfern eingebaut
Öldruckanzeiger	Warnleuchte
Ladestromanzeiger	Anzeigenleuchte
Geschwindigkeitsmesser	0 bis 140 km/h Meßbereich

) **Volkswagen Variant als Lieferwagen mit erhöhter Nutzlast: Für diese Ausführung gelten folgende Abweichungen: Bereifung: 6,00-15 L 8 PR; Reifendruck vorn 1,3 atü, hinten 3,2 atü; Radaufhängung hinten: Pendelachse mit Federstreben; Ausgleichfeder.
Beide Ausführungen sind Zweisitzer mit Trennwand hinter den Sitzen, durchgehender Ladefläche, Blechverkleidungen anstelle der mittleren und hinteren Seitenfenster.

Laut VDA-Revers technische Daten entsprechend DIN 70020 und DIN 70030

Nummer der allgemeinen Betriebserlaubnis 4011/1

Technische Daten eines Typ 36 Variant in Kastenwagenausführung von 1970. Dieser Lieferwagen mit Langschnauze blieb bis Juni 1973 in Produktion. Die hier gezeigten Daten gelten für einen Kastenwagen mit den Optionen M 003 (1500er Motor mit Einzelvergaser) und M 240 (Muldenkolben für geringere Verdichtung).

Ein dänischer Typ 36 als Kastenwagen von 1969

Ein norwegischer Typ 36 als Kastenwagen von 1965

Ein ramponierter israelischer Typ 36 als Kastenwagen von 1973

Ein langschnauziger belgischer Typ 36 als Kastenwagen

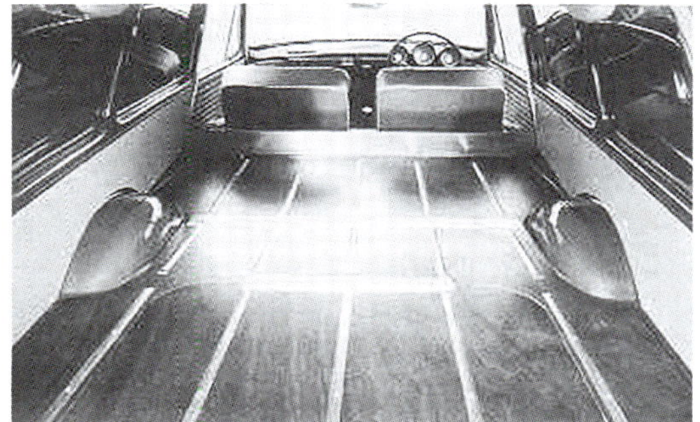

Dieses Foto aus einem Prospekt zeigt den jungfräulichen, schimmernden Sperrholzboden eines australischen Typ 366 V30 Van. Die deutschen Kastenwagen verfügten dagegen wie der reguläre Typ 3 Variant über Gummimatten.

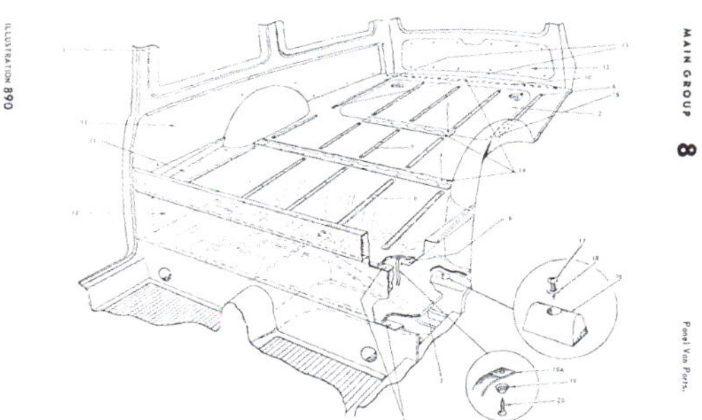

Seite aus der australischen VW-Teileliste mit Einzelheiten der Trennwand und des Sperrholzbodens, einem besonderen Merkmal des australischen Typ 366 V30 Van.

Beim australischen Typ 366 V30 Van wurde die Karosserienummer im vorderen Kofferraum hinter dem Reserverad in der Nähe des Aufklebers mit der Farbnummer angeschweißt.

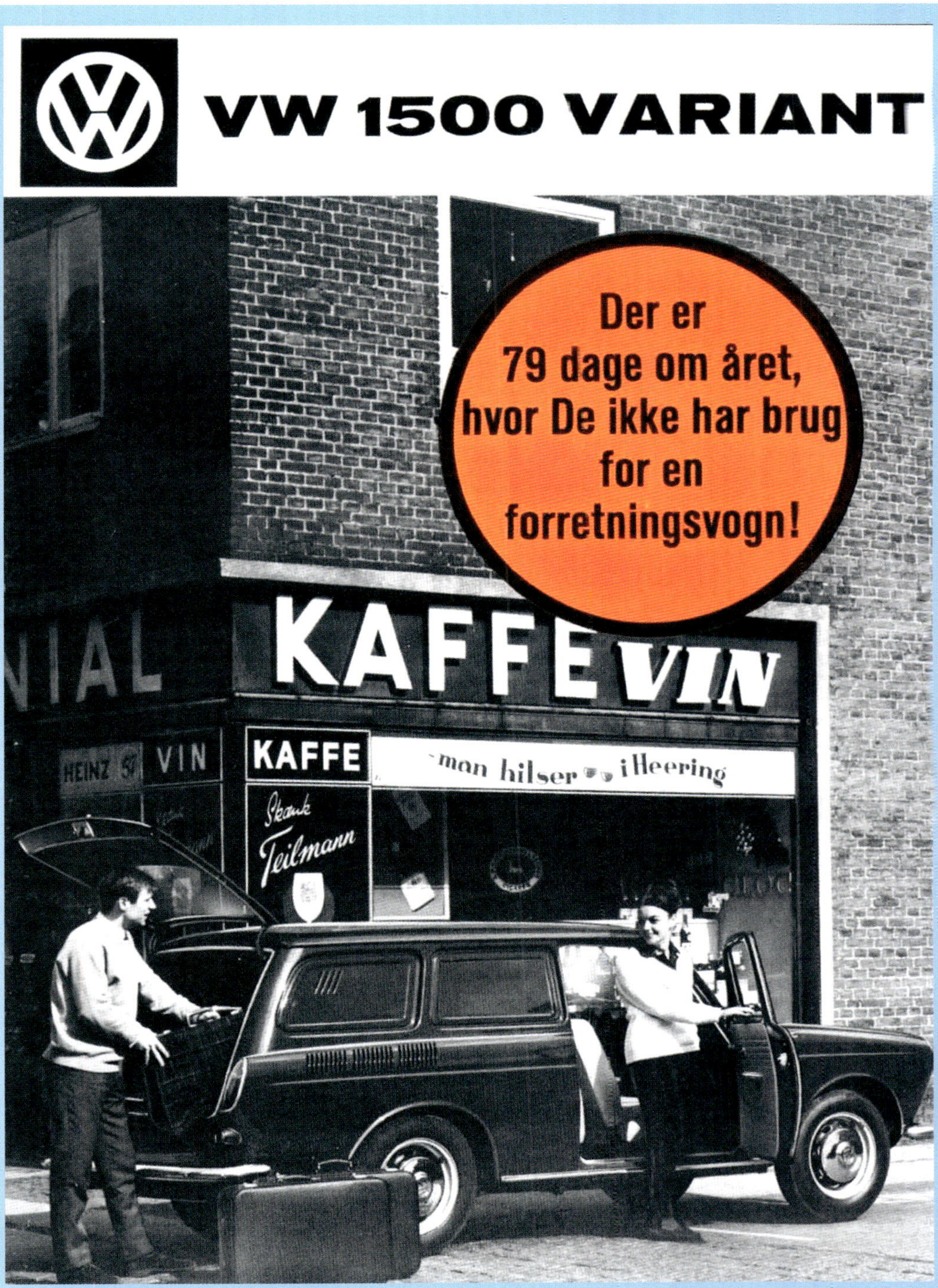

VW 1500 VARIANT

Der er 79 dage om året, hvor De ikke har brug for en forretningsvogn!

KAFFE VIN

KAFFE

man hilser på Heering

Diese beiden dänischen Werbeanzeigen zeigen Kastenwagenmodelle des Typ 36, die ein leichtes Leben führen. Im unteren Bild fährt eine Familie 1962 mit einem solchen Fahrzeug zum Picknick, im oberen wird ein Modell von 1967 bis 1969 nur leicht beladen.

Die Bleche in den hinteren Seitenfenstern hatten kleine Belüftungsschlitze. Da Kastenwagen so selten, aber stark nachgefragt sind, haben manche Bastler reguläre Kombis zu Kastenwagen umgebaut, indem sie die Bleche nachfertigen und damit die Glasscheiben ersetzten. Dabei befestigen sie die Bleche mit Montage-Klebstoff. Im Wolfsburger Werk wurden die Bleche dagegen punktgeschweißt. Die Lüftungsschlitze sind schwer nachzumachen; bei einem Kastenwagen ohne die Schlitze handelt es sich daher meistens um eine Fälschung.

Der australische Kastenwagen „Typ 366 V30 1500 Van“ wurde im November 1965 eingeführt.

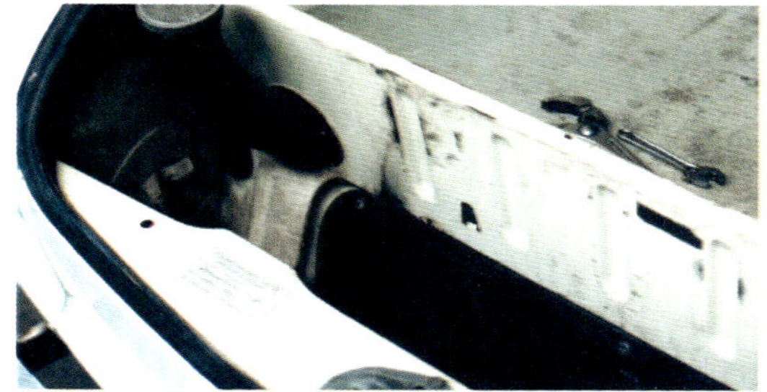

In der Vertiefung für das Reserverad ist die Karosserienummer rechts an der Trennwand zu erkennen.

Ein australischer Typ 366 V30 von 1966. Die untere Hälfte ist rot lackiert. Die stromlinienförmigen Rückstrahler sind nicht authentisch.

Bei diesem schön restaurierten australischen Typ 366 V30 Van von 1965 (Fahrgestellnummer 365 121509) wurden die Trommelbremsen vorn durch Scheibenbremsen ersetzt. Räder und Teile stammen von späteren Modellen. Ja, der linke Rückstrahler am Heck fehlt!

Auch bei diesem Typ 366 V30 wurden modernere Bremsen und Räder nachgerüstet Die verwendeten Stoßstangenhörner, die fehlenden Rückstrahler und der montierte Zubehör-Auspuff sind Abweichungen vom Originalzustand. Apropos Auspuff: Abgasanlagen für den Typ 3 sind heutzutage schwer zu beschaffen.
Von außen nicht zu erkennen: Das Fahrzeug wurde auch mit einem 1600er Zweivergasermotor ausgestattet.

Wie ihre deutschen Gegenstücke hatten auch die australischen Typ 366 V30 ein ziemlich spartanisches Interieur. Die Sitze waren mit schlichtem, aber robustem Vinyl bezogen, die Türfüllungen waren einfach gehalten, boten aber immerhin den „Luxus“ kleiner Armstützen. Eine Sonnenblende für den Beifahrer gab es nicht. Sicherheitsgurte waren aber gesetzlich vorgeschrieben.

Dieser australische Typ 366 V30 von 1965 wurde liebevoll in seinen Originalzustand als Kastenwagen versetzt. Wie beim deutschen 1968er Kastenwagen in Sambia hatte man auch bei diesem Fahrzeug die Bleche entfernt und durch Glasscheiben ersetzt sowie einen Rücksitz eingebaut. Das war in den 60ern gang und gäbe und ist einer der Gründe dafür, dass alte Kastenwagen heute so selten sind.

Dieses offizielle Volkswagen-Foto zeigt möglicherweise den allerersten Typ 3 in Kastenwagenausführung von 1961. Ebenso wie die ersten Fließheck- und Variant-Modelle hat er noch Stoßstangenhörner und Parklichter über den seitlichen Sicken.

Vielen Dank an Peter Huntley, Mario Steinhauser, Per Lindgren, „JamCam“ und die Stiftung AutoMuseum Volkswagen für die Fotos.

Montage des Typ 3 in Wolfsburg im Jahr 1969. In der Mitte ist ein Kastenwagen zu sehen.

Kapitel 15
Der brasilianische VW 1600

Was auf den ersten Blick wie eine brasilianische Version des Typ 3 aussieht, ist in Wirklichkeit eine Weiterentwicklung der Prototypen des Projekts EA 97. Sie weisen zwar einige Merkmale des Typ 3 auf, z. B. die grundlegende Karosserie, allerdings haben sie nicht das Chassis des Typ 3, sondern eine verbreiterte Version des Typ-1-Chassis, das auch beim Typ 14 Karmann-Ghia verwendet wurde. Auf dieser Grundlage wurden die EA-97-Prototypen entwickelt.

Die ersten brasilianischen VW 1600 aus Serienproduktion hatten die Kugelgelenk-Vorderachsen des Typ 14 (die im brasilianischen Käfer nicht verwendet wurden), eine Pendelachse hinten und den Typ-1-Motor mit stehendem Gebläse (wobei die späteren Modelle mit dem flachen Typ-3-Motor mit Zweivergaser-Anlage ausgestattet waren). Von Anfang an verfügten die brasilianischen VW 1600 über Scheibenbremsen an den Vorderrädern. Auch das Armaturenbrett unterschied sich völlig von dem des Typ 3.

Durch die Nutzung von Teilen des Typ 14 Karmann-Ghia, der sich bereits in Produktion befand, konnte die brasilianische Tochtergesellschaft Umrüstkosten sparen und erheblich wirtschaftlicher arbeiten.

Die brasilianischen VW 1600 erhielten ihre eigenen Typencodes:

- Typ 103 – Viertürige Stufenhecklimousine, genannt 1600 4-Portas (1968–1972)
- Typ 105 – Zweitüriger Variant (1970–1977)
- Typ 107 – Zweitürige Fließhecklimousine, 1600TL (1970–1976)
- Typ 109 – Viertürige Fließhecklimousine, 1600TL (1973–1977)

Die zweitürigen Stufenheck- und Cabrio-Prototypen des Projekts EA 97 wurden nicht produziert.

Das erste brasilianische EA-97-Produktionsmodell wurde im Dezember 1968 als 1600 4-Portas mit dem Typcode 103 vorgestellt. Es hatte rechteckige Scheinwerfer. Weil die Form des Fahrzeugs manche Leute an einen Sarg erinnerte, erhielt es schon bald den Spitznamen „Zé do Caixão" („Coffin-Joe") nach der gleichnamigen Figur aus einer damals aktuellen satirischen Film- und Fernsehserie. Bei diesem Wagen handelte es sich übrigens um das erste viertürige Produktionsmodell von VW. Es war in Brasilien

Der VW 1600 4-Portas war das erste Produktionsmodell von Volkswagen mit vier Türen.

Ein VW 1600 4-Portas von 1970. Die doppelten Rücklichter wurden 1970 eingeführt. Der Blick in den Motorraum zeigt den Einzelvergasermotor mit großem Ölbad-Luftfilter. Das silberfarbene Rohr links führt zum Tankeinfüllstutzen.

Der Volkswagen Typ 103 4-Portas von 1969

Eduardo Silveiras wunderschön restaurierter Typ 107 1600TL von 1970. Auffällig sind die Doppelscheinwerfer und die kleinen Rückleuchten.

auch weit verbreitet als Taxi im Einsatz. Gewöhnlich war es mit dem 1600er Käfermotor mit stehendem Gebläse ausgestattet, wobei es mit einem oder zwei Vergasern angeboten wurde. Es hatte noch Pendelachsen hinten, verfügte aber als erstes brasilianisches VW-Modell über Scheibenbremsen an den Vorderrädern.

1970 wurde ein neues Design mit Doppelscheinwerfern eingeführt. Gleichzeitig wurden auch eine zweitürige Fließheckversion (Typ 107) und ein zweitüriger Variant (Typ 105) vorgestellt, die ebenfalls die Doppelscheinwerfer erhielten. Diese Designänderung entsprach derjenigen, die im selben Jahr beim deutschen VW 411 vorgenommen wurde. Später in jenem Jahr wurde der Tank als Sicherheitsmaßnahme von hinten nach vorn verlegt. Die neuen Fließheck- und Variant-Modelle (107 und 105) erhielten nicht mehr den Motor mit stehendem Gebläse, sondern wurden ausschließlich mit dem 1600er Typ-3-Flachmotor mit Zweivergaser-Anlage ausgestattet.

1973 wurde das viertürige Stufenheckmodell (1600 4-Portas oder Typ 103) durch die viertürige Fließhecklimousine 1600TL (Typ 109) ersetzt. Alle drei EA-97-Modelle erhielten in einer zweiten Designänderung eine neue Schnauze ähnlich der deutschen Typ-4- oder 412-Modelle von 1973 und 1974 sowie größere Rückleuchten. Diese neue Schnauze wurde auch beim brasilianischen Sportwagen SP-2 (Typ 149) und beim Brasilia (Typ 102) verwendet. Sie wird oft als „Leiding-Schnauze" bezeichnet, benannt nach Rudolf Leiding, dem

(Fortsetzung Seite 146)

Eine viertürige 1600TL-Fließhecklimousine von 1977 in Sokoto in Nigeria. Auffällig sind die Leiding-Schnauze und die größeren Rückleuchten.

Rudolf Leiding

1970 baute Volkswagen do Brasil mindestens einen Pritschenwagen-Prototyp des VW 1600, wahrscheinlich auf der Grundlage des Variant. Die untere Zeichnung zeigt eine spätere Version mit Leiding-Schnauze. (Fotos: VW do Brasil)

Die Produktpalette der brasilianischen EA-97-Modelle von 1973 bis 1977: Typ 105 1600L Variant, zweitüriger Typ 107 1600TL mit Fließheck, viertüriger Typ 109 1600TL mit Fließheck (Fotos: VW do Brasil)

Typ 103 1600 4-Portas von 1969 mit rechteckigen Scheinwerfern und Doppelstoßstangen

Ein Typ 103 4-Portas von 1969. Auf der Motorhaube ist zwar der Schriftzug „1600L“ angebracht, aber tatsächlich verfügt dieser Wagen noch über den Einzelvergasermotor mit stehendem Gebläse.

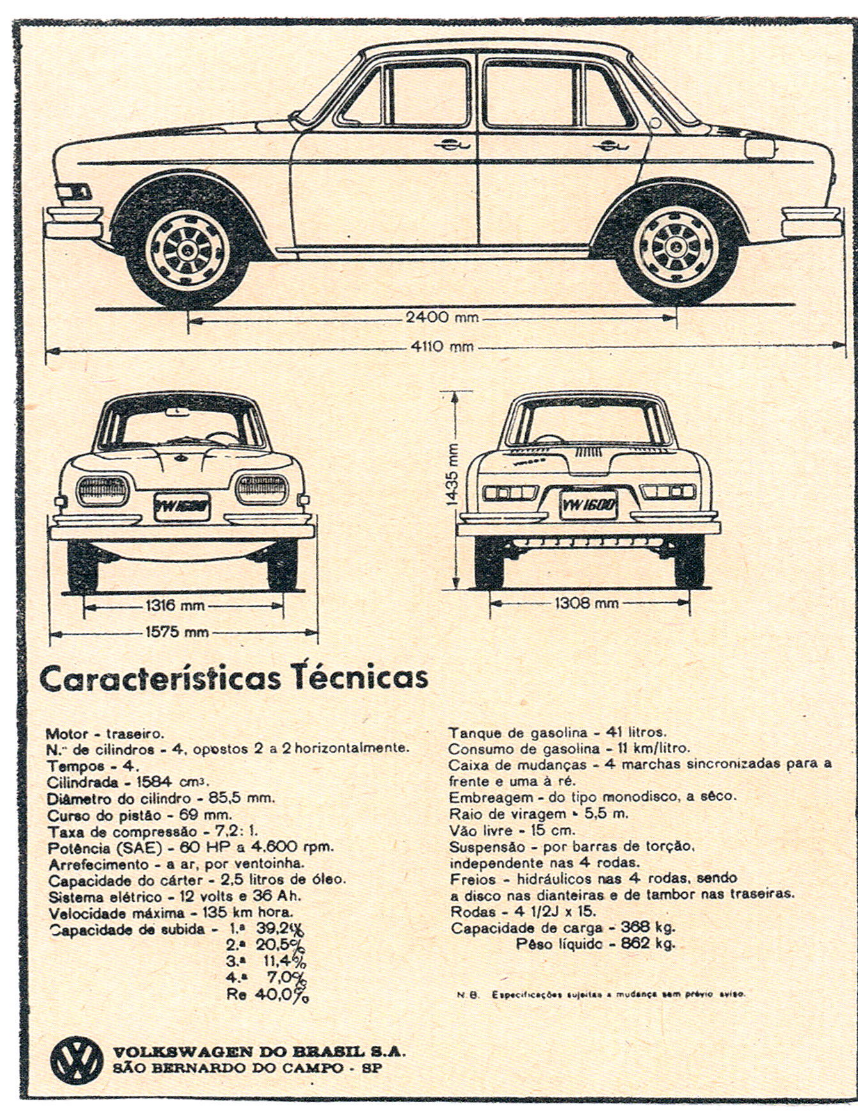

Características Técnicas

Motor - traseiro.
N.° de cilindros - 4, opostos 2 a 2 horizontalmente.
Tempos - 4.
Cilindrada - 1584 cm³.
Diâmetro do cilindro - 85,5 mm.
Curso do pistão - 69 mm.
Taxa de compressão - 7,2: 1.
Potência (SAE) - 60 HP a 4.600 rpm.
Arrefecimento - a ar, por ventoinha.
Capacidade do cárter - 2,5 litros de óleo.
Sistema elétrico - 12 volts e 36 Ah.
Velocidade máxima - 135 km hora.
Capacidade de subida - 1.ª 39,2%
2.ª 20,5%
3.ª 11,4%
4.ª 7,0%
Re 40,0%

Tanque de gasolina - 41 litros.
Consumo de gasolina - 11 km/litro.
Caixa de mudanças - 4 marchas sincronizadas para a frente e uma à ré.
Embreagem - do tipo monodisco, a sêco.
Raio de viragem - 5,5 m.
Vão livre - 15 cm.
Suspensão - por barras de torção, independente nas 4 rodas.
Freios - hidráulicos nas 4 rodas, sendo a disco nas dianteiras e de tambor nas traseiras.
Rodas - 4 1/2J x 15.
Capacidade de carga - 368 kg.
Pêso líquido - 862 kg.

N.B. Especificações sujeitas a mudança sem prévio aviso.

VOLKSWAGEN DO BRASIL S.A.
SÃO BERNARDO DO CAMPO - SP

Technische Daten für den VW 1600 4-Portas von 1969

Motor und Innenraum des roten Typ 103

Fahrzeuge vom Typ 105, 107 und 109 in den letzten Stufen ihrer Herstellung. Auf demselben Fließband wird auch der Käfer gefertigt. Diese offiziellen VW-Fotos wurden zwischen 1971 und 1977 aufgenommen.

Journalisten bei der Präsentation des sensationellen neuen und einzigartigen brasilianischen Volkswagen 1600 Quatro Portas im Dezember 1968

Drei verschiedene Schnauzenformen für den Typ 105 1600 Variant, von oben nach unten: 1969, 1970 und 1971

Anders als beim deutschen Typ 3 befand sich der Kraftstofftank bei den ersten brasilianischen Typ 103 ähnlich wie beim T1 und T2 hinten in der Nähe des Motors. 1970 wurden die rechteckigen Scheinwerfer durch Doppelscheinwerfer ersetzt. Die hier gezeigten Fahrzeuge sind keine L-Modelle und verfügen über Einzelstoßstangen.

VW-Werbung für den Variant mit der längeren Leiding-Schnauze

Die kleinen Rückleuchten der ersten Typ 105 Variant und die später eingeführte größere Version

Innenraum eines Typ 105 Variant

Zwei 1600L Typ 105 Variant. Der obere Wagen verfügt ähnlich wie der VW-Bulli T2 über ein Ausstellfenster im hinteren Seitenfenster. Beim unteren Fahrzeug lassen sich die hinteren Seitenfenster nicht öffnen.

Der 1600er Flachmotor mit Zweifachvergaser, der in den Typen 105, 107 und 109 verwendet wurde. Im Gegensatz zu den deutschen Modellen mit 1600er Flachmotoren hatten diese Fahrzeuge Drehstromlichtmaschinen und keine Gleichstromgeneratoren.

Ein weiteres Bild des zweitürigen Typ 107 von José Eduardo Silveira

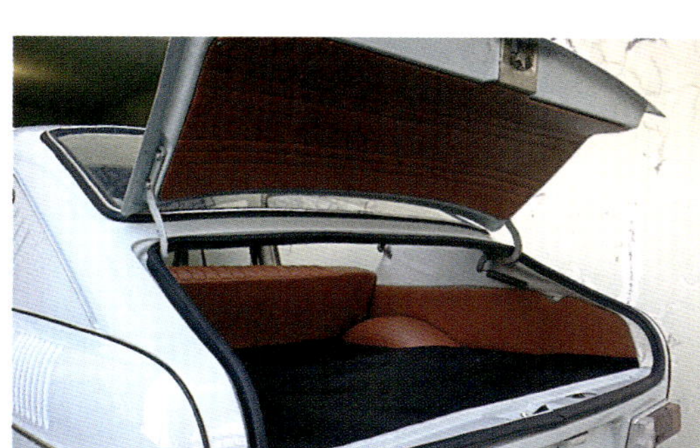

Der geöffnete hintere Kofferraum eines Typ 107 1600TL mit Fließheck

Ein Typ 105 1600 Variant auf der Hebebühne. Deutlich zu erkennen sind das breite Chassis des Typ 14 Karmann-Ghia und die Vorderachsen des Käfers mit Kugelgelenken und Scheibenbremsen. Die Hinterräder aller brasilianischen 1600er waren mit einer Pendelachsfederung versehen.

VW-Werbefoto eines Typ 107

Drei Bilder des viertürigen Typ 109 1600TL. Dieses Modell ersetzte die Stufenhecklimousine Typ 103 1600 4-Portas und war nur mit Zweifachvergaser-Flachmotor erhältlich.

Verschiedene in Brasilien gefertigte Volkswagen werden auf ein riesiges VW-Autotransportschiff verladen. Zu sehen sind drei Bulli T1, zwei Käfer, ein Typ 103 Brasilia, ein Typ 105 Variant sowie – hinter dem Brasilia nur knapp sichtbar – ein Sportwagen vom Typ 149 SP-2.

Die brasilianischen Volkswagen wurden in alle Welt exportiert. Ende der 70er Jahre konnte man einen Brasilia auf den Philippinen, auf den Bahamas, in Bolivien, Ecuador, Mexico, Portugal, Nigeria und Angola kaufen. Die größeren Modelle Typ 105, 107 und 109 wurden nach Nigeria und auf die Bahamas exportiert. Die brasilianischen Käfer gingen in noch viele weitere Länder. Der Bulli T1 von 1970 mit geteilter Windschutzscheibe war der einzige brasilianische VW, der auch mit Rechtslenkung gebaut wurde, sodass er auch in den offiziellen VW-Niederlassungen in Indonesien, Neuseeland, Südafrika, Rhodesien, Papua-Neuguinea und Singapur zum Verkauf stand.

Dieser viertürige Typ 109 1600TL leidet leider an massivem Rostbefall. Manche haben schon Zweifel über die Qualität des in Brasilien hergestellten Stahls geäußert.

Ein früher zweitüriger Typ 107 1600TL mit Fließheck am Strand von Ipanema in Rio de Janeiro, ausgestattet mit einem Dachgepäckträger. Der Wagen wurde oft und lange am Strand abgestellt, während der Besitzer surfen gegangen ist, weshalb er recht viel Rost angesetzt hat.

Ein ziemlich traurig aussehender Typ 103 4-Portas, der inzwischen aber zum Glück restauriert wurde und heute wieder wie die beiden prachtvoll restaurierten Wagen darunter aussieht.

Werbung für den zweitürigen Typ 107 1600TL (links) und den viertürigen Typ 109 1600TL (rechts)

ehemaligen Direktor von Volkswagen do Brasil, der von 1971 bis 1975 als Vorstandsvorsitzender die Geschicke der Volkswagen AG in Deutschland lenkte. Während seiner Zeit in Brasilien hatte er großen Einfluss auf Gestaltungsfragen genommen.

Zwischen 1973 und 1978 wurden ziemlich viele der auf dem EA 97 basierenden brasilianischen VW 1600 u. a. nach Venezuela, Kolumbien, Uruguay, auf die Westindischen Inseln und Nigeria exportiert. Insgesamt wurden in Brasilien 415.971 Exemplare des VW 1600 gebaut. Diese Zahl verteilt sich wie folgt auf die einzelnen Modelle:

Typ 103 4-Portas	**24.475**
Typ 107 und 109	**109.313**
Typ 105 Variant	**256.760**

Das Titelblatt der brasilianischen Autozeitschrift *Quatro Rodas* von Dezember 1968 zeigt eine von der VW-PR-Abteilung bereitgestellte Explosionsdarstellung des neuen 1600 4-Portas.

Zwei weitere Bilder von José Eduardo Silveiras VW Typ 107 1600TL von 1970

„Das robuste, haltbare Familienauto" (aus einem englischsprachigen Prospekt für Exportmodelle des Typ 105)

In der Werbung für den Typ 103 1600 4-Portas behauptete VW, das Fahrzeug hätte die robuste „Unverwüstlichkeit" des Käfers geerbt.

Ein klar erkennbar gestelltes VW-Foto eines 4-Portas-Polizeifahrzeugs „im Einsatz". Der Wagen hat nicht einmal ein Nummernschild oder die Beschriftung POLICIA.

Einer der letzten zweitürigen Typ 107 1600TL mit Fließheck (mit nicht serienmäßigen Radkappen)

Aus einem englischsprachigen Prospekt für den Typ 107 und 109.

Plakette mit der Fahrgestellnummer eines zweitürigen Typ 105 Variant. Das Produktionsdatum und das Modelljahr sind nicht angegeben, doch an der Fahrgestellnummer BV191990 ist zu erkennen, dass der Wagen wahrscheinlich 1974 oder 1975 gebaut wurde.

Das wahrscheinlich beste nicht von Volkswagen selbst herausgegebene Werkstatthandbuch für brasilianische VWs mit luftgekühlten Motoren ist dieses von Amaury de Almeida. Da es alle entsprechenden Modelle abdeckt, ist beim Gebrauch Vorsicht geboten und auf die entscheidenden Unterschiede zwischen den Modellen bei Federung, Bremsen, Getriebe und Motor zu achten.

Vielen Dank an Cristiano Pilo, José Eduardo Silveira, Geraldo Telles, Marcel Kramer, Alfacevedoa, die Zeitschrift *Quatro Rodas* und Volkswagen do Brasil für die Fotos in diesem Kapitel.

Kapitel 16
Karmann-Ghia 1600TC

Transport einer 1600TC-Karosserie vor der Montage auf dem von Volkswagen do Brasil gelieferten Chassis mit Motor

Für ein Land wie Brasilien, das sich zwar weiterentwickelte, aber noch nicht fortschrittlich war, kam es beim Aufbau der Kraftfahrzeugindustrie auf Wirtschaftlichkeit und rationelles Arbeiten an. Um die Produktpalette zu erweitern, die bis dahin nur aus dem Typ 1 oder Käfer (in Brasilien „Fusca" genannt), dem Typ 14 Karmann-Ghia und dem Typ 2 oder Bulli (in Brasilien „Kombi") bestand, entschied sich Volkswagen do Brasil zur Rationalisierung. Das breite Chassis des Typ 14 eignete sich perfekt, um die moderneren Karosserien der brasilianischen Versionen des Typ 3 aufzunehmen. Obwohl sie von außen dem Typ 3 ähnelten, basierten die brasilianischen Modelle vom Typ 103, 105, 107 und 109 daher auf den Wolfsburger EA-97-Prototypen mit dem Chassis des Typ 14 und nicht auf den EA-160-Prototypen, die zum deutschen Typ 3 mit seinem anspruchsvolleren Chassis geführt hatten.
Die Wilhelm Karmann GmbH in Osnabrück hatte in Brasilien eine Tochtergesellschaft namens Karmann-Ghia do Brasil SA mit einem Werk in São Bernardo do Campo, nur ein paar Häuser weiter vom brasilianischen VW-Werk am Stadtrand von São Paulo. Von 1961 bis 1972 wurde hier mit nur wenigen Unterschieden der gleiche Typ 1 Karmann-Ghia gebaut, der auch in Osnabrück vom Band lief.

(Fortsetzung Seite 151)

Produktion des 1600TC in São Paulo. Beachten Sie die geringe Automatisierung! Bei dem Wagen im Vordergrund handelt es sich um einen SP-2.

Ansicht von hinten. Der Zugang zum Motorraum erfolgt über die Heckklappe. Er befindet sich unter dem Teppichboden.

Der 1600er Motor mit Zweifachvergaser und Drehstrom-Lichtmaschine

Der Innenraum ist schlicht und übersichtlich.

Die klassischen Sportcoupé-Linien des Karmann-Ghia 1600TC

Vorderansicht mehrerer Typ 145 1600TC

Offizielles Foto eines 1600TC von Karmann

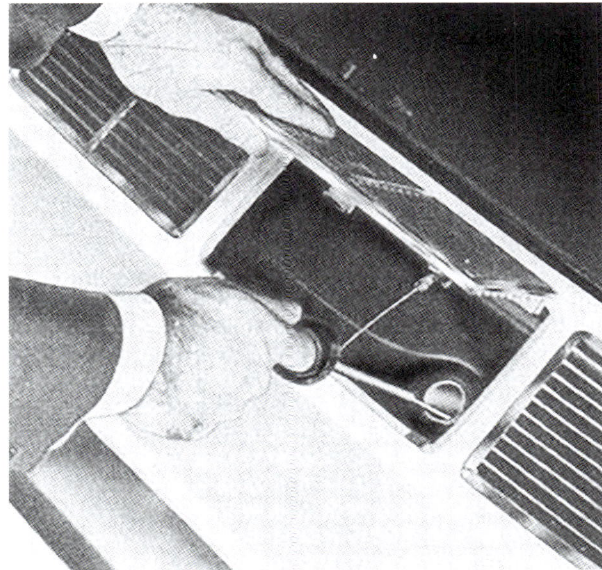

Um den Ölstand zu prüfen oder Öl nachzufüllen, musste eines der Gitter am Heck zunächst mit einem kleinen Hebel in der Heckklappe entriegelt und dann angehoben werden.

Die Rücksitze ließen sich nach vorn klappen. Sie waren ohnehin nur für den „gelegentlichen" Gebrauch gedacht und eher für Kinder geeignet.

Luxus, Liebe und Sport – damit wurde in den 70er Jahren dieses schöne, aber in Wirklichkeit einfache Auto beworben.

Ein 1600TC bei einem Hinterhofschrauber in São Paulo: Hier wartet noch eine Menge Arbeit auf den Restaurator, damit dieses Coupé wieder rollen kann.

Zwei der EA-97-Prototypen in Wolfsburg

1970 investierte Karmann-Ghia do Brasil und begann mit der Produktion eines eigenen Coupés, des 1600TC. Ebenso wie der Typ 102 Brasilia, der Typ 103, 105, 107 und 109 hatte dieser Wagen das reguläre Chassis des Typ 14, aber eine Kugelgelenkaufhängung und Scheibenbremsen an den Vorderrädern. Das Chassis war breiter als das des Käfers und verjüngte sich nicht nach vorn. Wie beim 105, 107 und 109 wurde ein 1600er Flachmotor mit Zweivergaser-Anlage verwendet. Die Pendelachsen hinten wurden beibehalten, aber das Getriebe wurde geändert. Dazu kam eine elegante zweitürige Coupé-Karosserie von Carrozzeria Giorgetto Guigiaro in Turin (Italdesign).

Dieses Fahrzeug war kein richtiger Viersitzer, sondern ein 2+2-Sportcoupé mit sanft geschwungener Fließheckform und einem großen Heckfenster, das als Heckklappe fungierte. Dieses prächtige Auto mit der Typbezeichnung 145 war mehr als fünf Jahre lang, nämlich bis 1976, in Produktion. Insgesamt wurden 187.119 Stück gefertigt.

Man könnte sagen, dass der Typ 145 Karmann-Ghia 1600TC im Grunde genommen ein Typ 14 Karmann-Ghia Coupé mit einer eleganteren Fließheckkarosserie auf dem normalen Typ-14-Chassis war. Allerdings verfügte er über den 1600er Flachmotor mit Zweivergaser-Anlage des deutschen Typ 3, den auch die meisten anderen in diesem Buch bisher besprochenen brasilianischen VW-Modelle hatten. Sie wurden alle auf der Grundlage des breiteren Typ-14-Chassis gefertigt und mit unterschiedlichen Karosserien und dem Typ-3-Flachmotor ausgestattet.

Es gibt jedoch noch ein weiteres einzigartiges brasilianisches Modell, nämlich den Typ 102 Brasilia und seine nigerianische Variante Igala. Sie werden in diesem Buch größtenteils außer acht gelassen, da sie nicht viel vom Typ 3 übernommen haben. Sie sehen nicht im Geringsten wie ein Typ 3 aus, und im Gegensatz zu den anderen brasilianischen VWs in diesem Buch haben sie auch nicht den 1600er Flachmotor des Typ 3.

Um die Neugierde zu stillen finden Sie hier jedoch einige Bilder des Typ 102 Brasilia und Igala. Beide wurden als Viertürer gebaut, aber nur vom Brasilia gibt es auch eine zweitürige Version. Zwischen 1976 und 1982 wurden mehr als eine Million Stück hergestellt. Sie alle hatten den Käfermotor mit stehendem Gebläse, wobei einige jedoch Zweivergaser-Anlage erhielten. Der VW Brasilia wurde in den Volkswagenwerken von São Paulo in Brasilien und Puebla in Mexico hergestellt. In Lagos in Nigeria wurden die Fahrzeuge aus brasilianischen Teilesätzen unter dem Namen Igala montiert.

Vielen Dank an Geraldo Telles, Daniel Friedman, José Eduardo Silveira, Arnaldo Borgia und Karmann-Ghia do Brasil für die Fotos in diesem Kapitel.

Zweitüriger VW Brasilia in Montevideo (Uruguay)

Viertüriger Brasilia in Manila auf den Philippinen

Viertüriger VW Igala in Sokoto in Nigeria

Kapitel 17
SP-2

Die Wilhelm Karmann GmbH hatte ein Tochterunternehmen im brasilianischen São Paulo und ließ ihm – zumindest zeitweilig – relativ freie Hand.

Der SP-2 – oder genauer gesagt, der SP-1 (Typ 147) und der SP-2 (Typ 149) – befand sich von Juni 1972 bis Februar 1976 in Produktion, allerdings wurden insgesamt nur 10.205 Stück gefertigt. Davon wurden lediglich 681 exportiert – 155 nach Nigeria, Portugal, einige in verschiedene Länder im Nahen Osten sowie einige in karibische Gebiete wie die Bahamas. Einer ging zur Begutachtung durch VW of South Africa nach Südafrika.

Karmann-Ghia do Brasil hätte die Fahrzeuge auch gern auf dem lukrativen US-Markt verkauft. Daher erhielt das Auto eine Reihe passiver Sicherheitseinrichtungen, die bis dahin in Brasilien größtenteils unbekannt gewesen waren, etwa eine Knautschzone an der Front, Kopfstützen an den Vordersitzen, eine Lenksäule, die sich beim Aufprall zusammenfaltete und sogar zwei Bremskreise. Es wurde jedoch zu spät erkannt, dass die Scheinwerfer für die Vorschriften in den USA zu niedrig eingebaut waren. Die Kosten für eine Umrüstung der Produktionsanlagen und den Einbau von Klappscheinwerfern wie im VW-Porsche 914, der Corvette Stingray und dem Opel GT wurden jedoch als zu hoch für den vorgesehenen Markt eingeschätzt, vor allem, da das Fahrzeug nicht gerade ein schneller Sportwagen war. Es war äußerst gut aussehend und elegant und verströmte eine subtilere männliche Ausstrahlung als der Jaguar E-Type, doch mit dem kleinen, drehzahlschwachen Typ-3-Flachmotor hatte er keine Chance, jemals Spitzenleistungen zu zeigen. So wurde er manchmal als „der eleganteste, aber langsamste Sportwagen aller Zeiten" bezeichnet. In Brasilien wurde sogar zeitweilig gescherzt, die Buchstaben SP stünden für „sem potência", also „ohne Kraft".

Im Januar 1978 wartet ein brandneuer SP-2 beim Volkswagenhändler in Sokoto in Nigeria gleich neben einem VW Kombi (wie der Bulli in Brasilien genannt wurde) auf einen Käufer. Dieses Exemplar war womöglich einer der letzten SP-2.

In dieser Perspektive erkennt man gut die tiefe Lage der Scheinwerfer – ein Problem, das den Export des SP-2 in die USA verhinderte.

Dieses in Brasilien aufgenommene Foto zeigt die elegante, aber sehr niedrige Linienführung des SP-2. Zum Vergleich: Das zweitürige Plymouth Charger Coupé daneben ist auch schon ziemlich niedrig gebaut.

Pressefotos von Volkswagen do Brasil, aufgenommen während der offiziellen Präsentation des SP-1 und SP-2 im Juni 1972

Generaldirektor Rudolf Leiding, der das Designteam ermutigte, eigene Konzepte zu entwickeln. Als die Produktion des SP-2 im Jahr 1972 begann, war Leiding bereits als Vorstandsvorsitzender der Volkswagen AG zurück in Deutschland. Hier wartete die große Aufgabe auf ihn, die Umstellung der bisherigen Modellpalette auf Fahrzeuge mit modernem Frontantrieb und wassergekühlten Motoren erfolgreich zu bewerkstelligen.

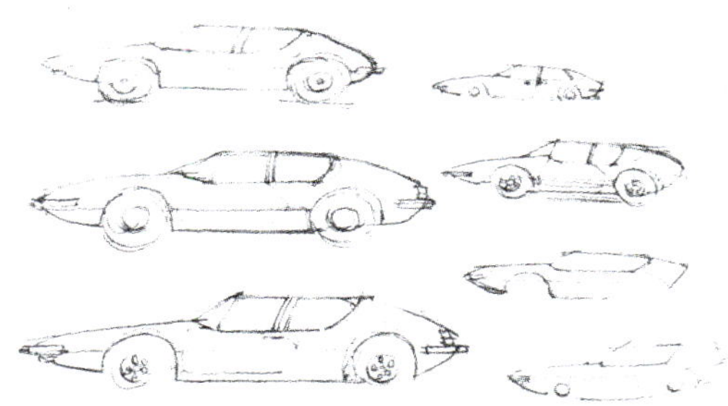

Einige der ersten und noch sehr groben Ideen (Fusca Clube do Brasil)

Mitglieder des Designteams von Volkswagen do Brasil: Die Designer hatten freie Hand, ihre Vorstellungen umzusetzen.

Ein offizielles Foto des SP-2 von der Stiftung AutoMuseum Volkswagen. Dieses Fahrzeug hat die Fahrgestellnummer VL 004067 und wurde 1973 gefertigt. Die Schnauzenform ähnelte derjenigen, die beim Brasilia und beim brasilianischen 1600 ab 1970 verwendet wurde. Sie kam auch bei der zweiten Serie des deutschen Typ 4, also des Typ 412, zum Einsatz, der produziert wurde, nachdem Leiding 1971 als Generaldirektor der Volkswagen AG nach Wolfsburg zurückgekehrt war. Während seiner Zeit in Brasilien hatte er die Entwicklung des SP-2 beaufsichtigt.

Die Leiding-Schnauze; links: SP-2; obere Reihe: Typ 102 Brasilia, Typ 109, nigerianischer Typ 102 Igala; untere Reihe: Typ 30 Variant II, Typ 107, deutscher Typ 412L

Die Entwicklung wurde zunächst als „Projekt X" bezeichnet. Das Endergebnis – ein einzelnes Fahrzeug mit attraktiven Magnesiumfelgen – wurde im März 1971 auf der deutschen Industriemesse in São Paulo in Gegenwart von Kurt Lotz vorgestellt, dem damaligen Direkter der Volkswagen AG. Die Reaktionen waren positiv. Im Juni 1972 erhielt die Presse die Gelegenheit, Probefahrten mit einer kleinen Flotte dieser Fahrzeuge zu unternehmen. Im Juli standen die Autos dann in den Verkaufsräumen der Händler. An einigen Orten musste die Polizei gerufen werden, um die Menschenmengen unter Kontrolle zu bringen.

Die Karosserie des SP-2 bestand komplett aus Stahl und war auf einem Typ-14-Chassis montiert, das vorn über Kugelgelenkaufhängung und Scheibenbremsen verfügte und hinten eine Pendelachsaufhängung mit Stabilisator (siehe Kapitel 9) hatte. Das entsprach der üblichen Brems- und Federungskonstruktion für den deutschen Käfer und den Typ 14 Karmann-Ghia in den 70ern. Was das Fahrgestell anging, zeichnete sich der SP-2 also nicht gerade durch Innovation aus, allerdings hatte er eine sehr gut proportionierte und schöne Karosserie. Ebenso wie der Typ 105, 107, 109 und 145 hatte der SP-1 den 1600er Flachmotor mit Zweifach-Vergaseranlage des Typ 3. Im SP-2 wurde eine eigens dafür entwickelte brasilianische Version des Typ-3-Motors mit 1678 cm³ Hubraum, etwas größeren Bohrungen, größeren Ventilen und einer besonderen Nockenwelle verbaut. Dieser größere Motor erhöhte die Leistung von 65 auf 76 PS. Das hatte sich als nötig erwiesen, da der Wagen mit dem regulären 1600er Motor als zu kraftlos und zu langsam angesehen wurde.

Die Produktion des SP-1 wurde Anfang 1975 nach nur 88 Exemplaren eingestellt. Niemand wollte diesen Wagen haben. Heute sind nur noch zwei existierende SP-1 bekannt.

Dem neuen Motor des SP-2 zum Trotz konnte sein Konkurrent, der nicht von Volkswagen hergestellte Puma, stärker beschleunigen und hatte eine größere Höchstgeschwindigkeit, obwohl er nur über einen luftgekühlten 1600er VW-Motor verfügte. Das lag hauptsächlich an der Karosserie aus leichtem glasfaserverstärktem Kunststoff im Gegensatz zu dem schwereren Stahlrumpf des SP-2. Immerhin war die Leistung des SP-2 jedoch besser als die der anderen brasilianischen Fließheck- und Variant-Modelle mit 1600er Motor, weil er leichter, niedriger und stromlinienförmiger war und ein stärkeres Triebwerk hatte. Mit seiner Pendelhinterachse mit Torsionsstab konnte der zum Übersteuern neigende SP-2 ähnlich wie der Porsche 356 in Kurven gelenkt und kraftvoll wieder herausgefahren werden.

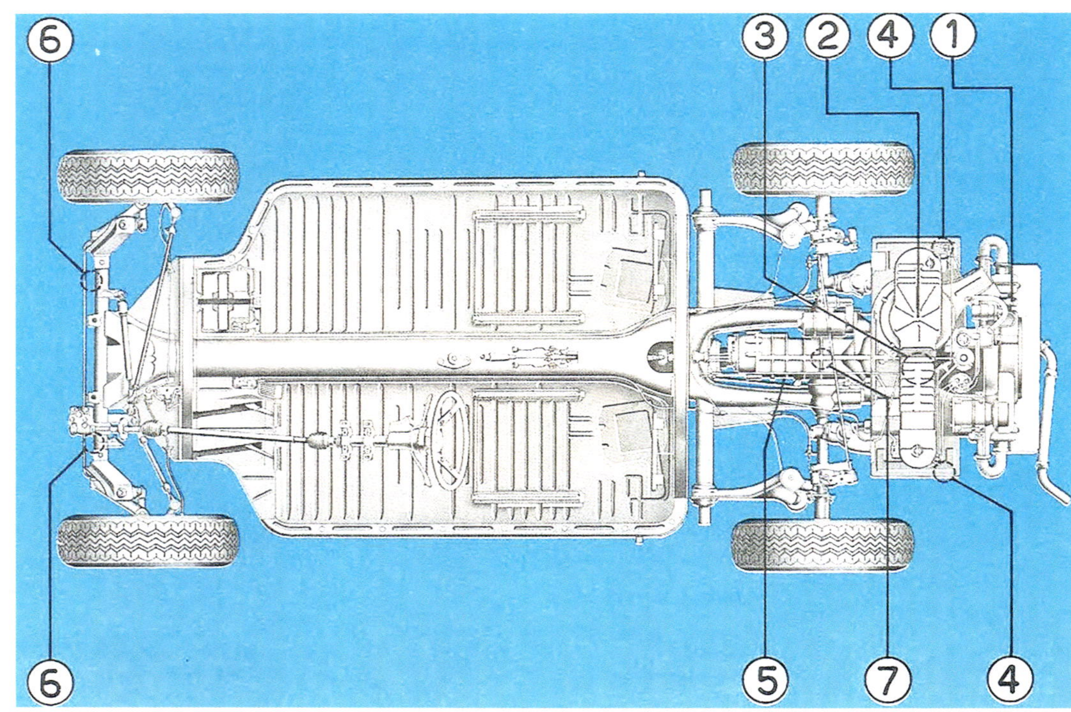

Zeichnung aus der Betriebsanleitung des SP-2: Das breite Typ-14-Chassis, die Pendelhinterachsen und der Flachmotor des Typ 3 sind deutlich zu sehen. Bei genauerem Hinsehen lassen sich auch die Kugelgelenke an der Vorderachse erkennen.

Der 1700er Flachmotor mit Zweivergaser-Anlage des SP-2. Mitten in der Produktion wurde der Luftfilter erheblich verändert und an den angepasst, der im Typ 30 Variant II Verwendung fand. Das Bild zeigt die Heckmotorbefestigung eines Modells mit Pendelachse. (Mit freundlicher Genehmigung von Andres Miglio)

Ein Puma-Sportwagen mit GFK-Karosserie und 1600er VW-Motor von 1969 (mit freundlicher Genehmigung von Jason Vogel)

Brasilianer neigen dazu, die im eigenen Land hergestellten Produkte übermäßig kritisch zu betrachten. Der SP-2 war ein wirklich gutes Auto – ganz abgesehen von seinem sehr attraktiven Design. In der zweiten Jahreshälfte von 1972 wurden in Brasilien etwa 3000 SP-2 verkauft, und es existierte sogar eine Warteliste.

Es gab auch Überlegungen für einen SP-3. Volkswagen do Brasil entwarf sogar zwei Nachfolger, die äußerlich beide dem SP-1 und SP-2 täuschend ähnlich sahen. Ein Prototyp wurde mit dem Chassis und der Karosserie des Typ 149, aber mit einem wassergekühlten 1,8-l-Reihenmotor im Heck gebaut, der von dem in Brasilien hergestellten Passat TS stammte. Außerdem erhielt er einen vorderen Kühl-

Designstudien des vorgeschlagenen SP-3: Die Front wurde umgestaltet, um Platz für den Kühler zu schaffen. Das Heckfenster wurde ebenfalls geändert. (Mit freundlicher Genehmigung des Fusca Clube do Brasil)

Der einzigartige SP-3-Prototyp von Dacon (mit freundlicher Genehmigung von Rafael Ruivo)

Innenraum und Armaturenbrett des SP-2

Motorraum eines frühen SP-2-Modells mit dem alten Luftfilter (mit freundlicher Genehmigung von José Moreira Alberto)

Der vordere Kofferraum wirkt größer, als er ist. Das Reserverad und der Tank nehmen eine Menge Platz weg. An der Seite ist zwischen Vorderrad und Windschutzscheibe der Tankeinfüllstutzen zu erkennen. (Mit freundlicher Genehmigung von Adriaan Pienaar)

Dieser herrliche SP-2 ist wahrscheinlich das einzige offiziell nach Südafrika importierte Exemplar. Eingeführt wurde er zur Begutachtung von Volkswagen of South Africa. Leider entschied sich das Unternehmen dagegen, den SP-2 offiziell ins Programm zu nehmen.

Ein privat nach Südafrika importierter SP-2 mit der Fahrgestellnummer BL 008256.

Ein SP-2 im VW-Museum in Wolfsburg

Auch die Werbung spielte mit dem Design des SP-2. So heißt es in der linken Anzeige sinngemäß: „Wie man ohne Anzug und Krawatte in eine wichtige Position kommt und trotzdem wichtig bleibt.“ Das rechte Anzeigenmotiv kommt zu dem Schluss: „Wenn Dein Herz beim Anblick dieses Autos höher schlägt, dann bist Du genauso sportlich wie es selbst.“

Betriebsanleitungen für den SP-1 und SP-2. Die obere ist in Portugiesisch, die untere ist für den Exportmarkt gedacht und in Englisch verfasst.

Allerdings neigte der SP-2 stark zum Rosten, insbesondere in den feuchteren Gegenden von Brasilien. Dieses Exemplar wurde in der Nähe von Recife seinem Schicksal überlassen.

Wie alle brasilianischen Volkswagen wurde auch der SP-2 von VW do Brasil als robust und unverwüstlich beworben.

Eine traurige Geschichte: Dieser SP-2 wurde wahrscheinlich wegen des bekanntermaßen hohen Wertes dieser Fahrzeuge von Nigeria nach Südafrika geschmuggelt. Der Schmuggler hatte wohl Pech oder wurde von den Behörden verfolgt, sodass der Wagen schließlich abgestellt, ausgeschlachtet und zerstört wurde. Autofans fanden ihn in der Nähe von Johannisburg, aber er war bereits in einem hoffnungslosen Zustand.

Autotest

DER SCHÖNSTE VW KOMMT AUS BRASILIEN

Der SP-2 war praktisch aus jedem Blickwinkel attraktiv. Die deutsche Zeitschrift *hobby* beschrieb ihn als „Der schönste Volkswagen der Welt“ (Nr. 13, 20. Juni 1973). Auffällig sind die „Haifischkiemen“, also die Belüftungsschlitze über dem hinteren Radkasten.

ergrill. Der zweite Prototyp war völlig anders geartet. Es handelt sich dabei um ein Auto mit Frontantrieb, Frontmotor und selbsttragender Karosserie, aber einer ähnlichen Form und Gestaltung wie der SP-2. Ob dieses zweite Modell jemals über die Designphase hinauskam, ist unbekannt. Der ursprüngliche Prototyp des SP-3 mit Heckmotor wurde auf jeden Fall niemals in der Öffentlichkeit gezeigt und wurde wahrscheinlich nach der Einstellung des Projekts zerstört. Allerdings hat der Sonderfahrzeughersteller Dacon in São Paulo – der zuvor beratend für VW tätig gewesen war, Leistungsoptimierungen für den Brasilia durchführte[1] und sogar seinen eigenen Sportwagen auf Käferbasis gebaut hatte (den Dacon 828) – einen eigenen „Prototyp“ des SP-3 mit einem Passat-Motor im Heck konstruiert. Er bot SP-2-Besitzern einen Umbau an, allerdings erwies sich diese Maßnahme als unerschwinglich. Ein schnellerer Puma war in jedem Fall die billigere Alternative.

Vielen Dank an Adriaan Pienaar, José Eduardo Silveira, Geraldo Telles, Daniel5, Andres Miglio, José Moreira Alberto, Rafael Ruivo, Jason Vogel, Fusca Clube do Brasil und Volkswagen do Brasil für die Fotos.

1. Ein von Dacon getunter Brasilia ist auf *https://www.youtube.com/watch?v=3d-0Dd_5S3WY* zu sehen.

Kapitel 18
Typ 30

Im November 1977 führte Volkswagen do Brasil für das Modelljahr 1978 den Typ 30 oder Variant II ein. Dieses Fahrzeug hatte ein einzigartiges Chassis. Es handelte sich dabei nicht um das breite Fahrgestell des Typ 14 Karmann-Ghia, das beim brasilianischen VW 1600 verwendet worden war, sondern um das der letzten deutschen Modelle des Typ 3 (1973), allerdings mit McPherson-Federbeinen statt der Torsionsfeder an der Vorderachse, Zahnstangenlenkung und einer Lenkgeometrie mit negativem Rollradius, ähnlich wie beim deutschen Superkäfer 1303 von 1975.

Der neue Variant II war wahrscheinlich die ultimative Weiterentwicklung des VW-Chassis mit Zentralrohr. Im Gegensatz zu allen vorherigen brasilianischen Volkswagen hatte dieser neue Kombi auch eine Schräglenker-Hinterachse, behielt aber ebenso wie die deutschen Typ-3-Modelle von 1969 bis 1973 die hinteren Torsionsfedern bei. Auch der 1600er Flachmotor des Typ 3 mit Zweivergaser-Anlage wurde beibehalten, allerdings mit zahlreichen Modifikationen, z. B. einer Wechselstrom-Lichtmaschine, hydraulischen Ventilen und mehr Leistung und Drehmoment. Als serienmäßige Räder wurden die 14-Zoll-Felgen des VW Passat verbaut, der sich zur Zeit der Vorstellung des Typ 30 in Brasilien bereits in Produktion befand.

Die Karosserie des Typ 30 unterschied sich völlig von derjenigen der brasilianischen, auf dem EA 97 beruhenden, VW 1600, des deutschen Typ 3 und des deutschen Typ 4 (Modell 411 und 412), hatte allerdings eine abgewandelte Form der Leiding-Schnauze. Eine vordere und eine hintere Knautschzone sollten die Insassen bei Kollisionen schützen. Kurz gesagt, war dieses Fahrzeug ein radikal neuer, wenn nicht sogar revolutionärer, und trotzdem traditioneller Volkswagen (falls so etwas möglich ist).

Erstaunlicherweise wurde der Variant II in Brasilien erst eingeführt und auf den Markt gebracht, als der Passat mit Frontantrieb und wassergekühltem Motor sich dort bereits seit zwei Jahren in Produktion befand. Das zeigt, wie stark einige Personen in der Führungsetage von Volkswagen do Brasil immer noch am althergebrachten Prinzip des luftgekühlten Motors festhielten. Sogar noch 1980 überraschte das Unternehmen die Welt mit der Einführung des brandneuen VW Gol, der zwar einen Frontantrieb, aber einen luftgekühlten Motor hatte. Auch

Rückansicht: Beachten Sie den fast völlig neutralen Sturz dank der Schräglenker-Hinterachse.

Vorderansichten des VW Typ 30 Variant II (mit freundlicher Genehmigung von Eduardo Silveira, Olimor und VW do Brasil)

Der Variant II wird manchmal mit dem Brasilia verwechselt. Allerdings ist er größer und technisch ganz anders ausgestattet.

Armaturenbrett des Variant II

Wird der Rücksitz umgeklappt, entsteht eine große Ladefläche.

Der vordere Kofferraum ist ziemlich groß. Ähnlich wie beim Käfer 1302 und 1303 ist das Reserverad sehr tief untergebracht und befindet sich vor der Lenksäule und dem Tank. Es gehört zur vorderen Knautschzone.

Ein etwas verwirrendes Foto: Der Motor hat eine Aufhängung ähnlich derjenigen beim deutschen Typ 3 mit Pendelachse, obwohl der Typ 30 Variant II über eine Hinterachse mit konstantem Sturz und Schräglenkern verfügt. VW do Brasil entschied sich für diese Art der Motorinstallation, da sie robuster ist als die Ausführung mit Drehmomentstütze der deutschen Typ-3-Modelle mit Einzelradaufhängung.
Auffällig ist auch die Drehstromlichtmaschine, ein Merkmal der brasilianischen 1600er Motoren. Der Variant II hatte auch den verbesserten und größeren Luftfilter für seine beiden Vergaser. Eine gute Luftfilterung war aufgrund des nicht abgeschlossenen Motorraums bei allen Modellen vom Typ 3 von großer Bedeutung. Der Variant II war technisch fortgeschritten, aber für rauere Bedingungen entworfen.

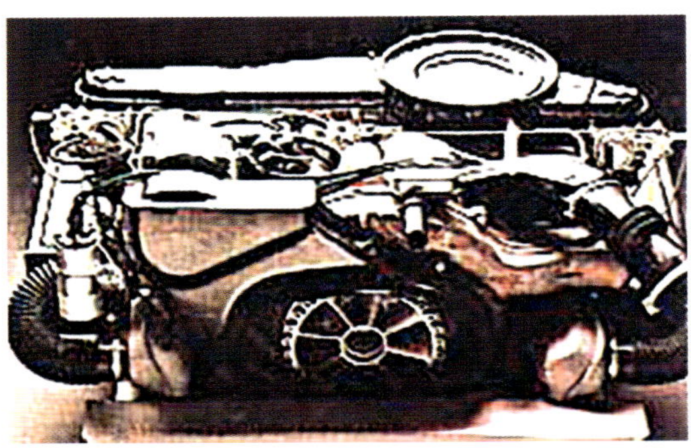

Der 1600er Zweivergasermotor des Typ 30 Variant II

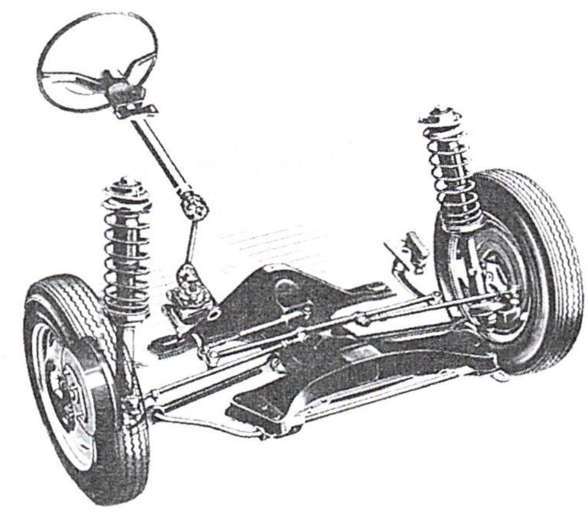

Vorderradaufhängung beim deutschen Käfer 1302 und 1303: Statt der Vorderachse mit Torsionsstange gibt es hier eine Verlängerung des Chassis, an der die Querlenker befestigt sind. Beim Variant II wurde eine ähnliche Konstruktion verwendet. Auch hier war das reguläre deutsche Typ-3-Chassis erweitert, allerdings wurden statt der einzelnen Querlenker die Dreiecks-Querlenker aus der ersten Generation des Passat verwendet. Damit war die Aufhängung weit stabiler als beim Käfer. Hinter der Aufhängung ist ebenso wie beim Käfer 1303 von 1975 und den später gebauten Käfer-Cabrios die Zahnstange für die Lenkung montiert.

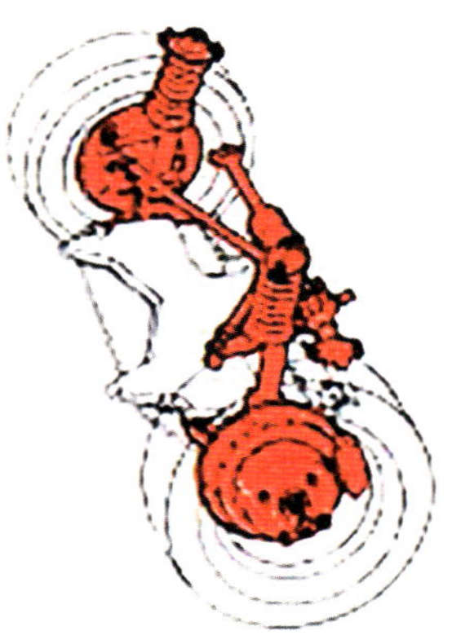

Lenkgestänge des Variant II

Diese Schnittzeichnung zeigt die McPherson-Federbeine. Sie dienten dazu, einen negativen Lenkrollradius zu erreichen, was für eine hervorragende Richtungsstabilität auch unter rauen Bedingungen sorgt. Ebenfalls sichtbar sind die Scheibenbremsen und die Zahnstangenlenkung. Auf den ersten Blick ähnelt die Konstruktion des Variant II derjenigen der deutschen Käfermodelle 1302 und 1303 mit McPherson-Federbeinen, allerdings mit der Geometrie und den Dreiecks-Querlenkern der ersten Passat-Modelle.

der Typ 2 Kombi (wie der Bulli in Brasilien hieß) blieb mit einem luftgekühlten 1600er Käfermotor bis 2005 in Produktion. Erst dann wurde ein wassergekühlter Golfmotor eingebaut.

Die Produktion des Variant II wurde Ende 1981 nach insgesamt 41.002 Stück eingestellt. Verkauft wurde er fast ausschließlich in Brasilien. Allerdings gibt es einen 21-seitigen Prospekt in Englisch, Französisch und Spanisch, was zeigt, dass das Fahrzeug offensichtlich auch für den Export gedacht gewesen war.

Vielen Dank an Geraldo Telles, Eduardo Silveira, José Moreira Alberto, Volkswagen do Brasil und die Zeitschrift *Auto Esporte* für die Fotos in diesem Kapitel.

Die ursprünglichen Dreieckslenker an der Vorderradaufhängung des Passat. Der einzige Unterschied zwischen dieser Federung und der des Variant II besteht darin, dass Letzterer über Heckantrieb verfügte und daher vorn keine Antriebsachsen hatte. Der Variant II erschien 1978 auf dem brasilianischen Markt, mehr als zwei Jahre nach der Einführung des Passat. Das zeigt, wie überzeugt Volkswagen do Brasil immer noch vom Prinzip des luftgekühlten Heckmotors war.

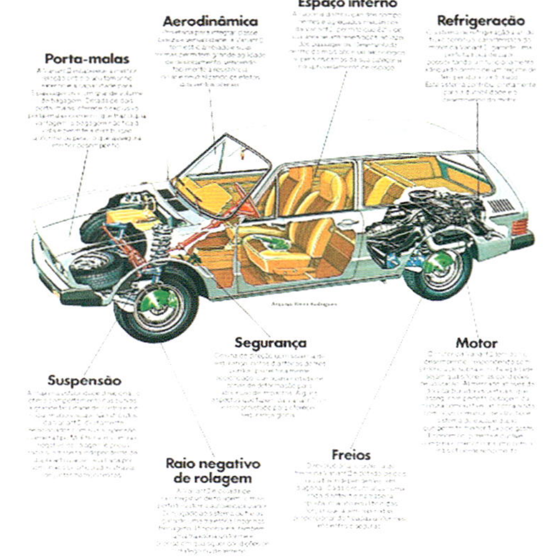

Variant II.
Quem quer comprar um carro para a família precisa analisar a fundo.

In diesem Ausschnitt aus einem brasilianischen Prospekt werden die technischen Einzelheiten und Sicherheitsmerkmale des Typ 30 Variant II angepriesen.

Sitzanordnung im Variant II

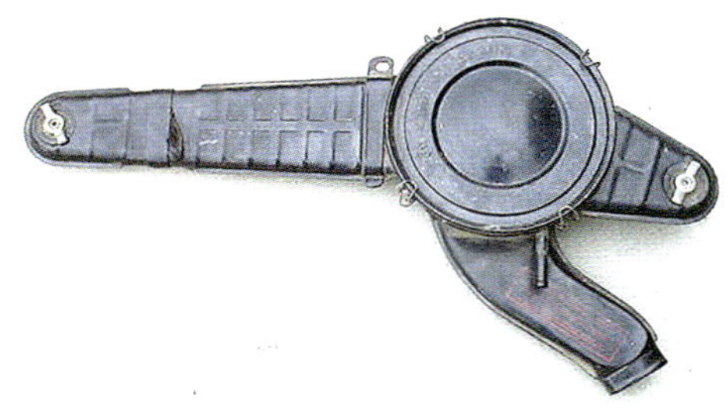

Der neue, größere Luftfilter (mit freundlicher Genehmigung von Notchboy)

Der Variant II hatte dieselben 14-Zoll-Felgen wie der brasilianische Passat

In diesen beiden Fotos aus der Zeitschrift *Auto Esporte* wird der Brasilia (oben) mit dem Variant II verglichen. Der Unterschied zwischen den Pendelachsen des Brasilia und der Einzelradaufhängung des Variant II wird deutlich. Vorteile sind die stabilere Straßenlage und erhöhte Sicherheit beim Durchfahren von Kurven.

Armaturenbrett des Variant II

Aufgenommen in São Paulo

Volkswagen Typ 30 Variant II

Aufgenommen von Eduardo Silveira in Rio de Janeiro

Der Variant II wurde nicht nur als Familienkutsche beworben, sondern auch als robustes Fahrzeug, das mit den Bedingungen in den ländlichen Gegenden von Brasilien fertig werden konnte.

Der Gabelstapler transportiert gerade die Hülle eines Brasilia; im Hintergrund warten Variant-II-Karossen auf die Weiterverarbeitung.

Postskriptum

Der brasilianische Typ 30 Variant II stellte einen großen Schritt nach vorn dar. Allerdings wurde er nicht von heute auf morgen in die Produktion genommen. Zuvor hatte es Forschungs- und Entwicklungsarbeiten darüber gegeben, wie sich sowohl McPherson-Federbeine als auch die Zahnstangenlenkung in den Typ 3 einbauen ließen, was schließlich schon beim Käfer 1303 von 1975 geschafft worden war (und in Osnabrück bei den Käfer-Cabrios bis Januar 1980 fortgeführt wurde). Wahrscheinlich wurde diese Konstruktion als eine Möglichkeit angesehen, die Produktionszeit des Typ 3 zu verlängern, wie es schon beim Käfer der Fall gewesen war. Allerdings war Direktor Rudolf Leiding schon von der Produktion von luftgekühlten Heckmotoren abgerückt, als der Passat mit Frontantrieb und Wasserkühlung im Juni 1973 den Typ 3 auf den Fertigungsstraßen von Wolfsburg ablöste.

Die Ausstattung des Käfer mit Federbeinen und Zahnstangenlenkung erfolgte 1975, als VW bereits seinen Schwerpunkt verlagerte. Vielleicht war der Käfer mit Federbeinen der letzte Versuch von Wolfsburger Anhängern des luftgekühlten Heckmotors. Aber Leiding setzte sich durch, woraufhin Volkswagen mit dem Passat, dem Golf, dem Polo und dem Scirocco unvergleichliche Erfolge erzielte.

Angesichts von 41.000 produzierten Exemplaren innerhalb von vier Jahren in nur einem einzigen Land – noch dazu einem Entwicklungsland – ist der Variant II durchaus nicht erfolglos zu nennen. Doch schon bei seiner Einführung in Brasilien im Jahr 1977 konnte er nicht mit dem lokal produzierten Passat mithalten, der ein Mehrfaches der Verkaufszahlen erreichte. Beispielsweise wurden allein zwischen Januar und Juli 1980 55.370 Passat verkauft, aber nur 6061 Variant II.

The General Importer/Dealers guarantee full and efficient technical service.

Variant II: definite proof that beauty, sophistication and comfort can travel along with performance, economy and versatility.

Projected, built and tested under the toughest road and climatic conditions, it has a daring style, generous internal space, ample luggage capacity, an economical engine and a good distance range.

And, so that you may enjoy all its comfort and utility, the Volkswagen General Importer/Dealers give complete Technical Service with trained technicians who can offer you work of the highest standard.

You can also count on VW Original Spare Parts, rigorously tested to guarantee the maximum service life for your vehicle.

Variant II. The pleasure of a performance ensured by the renowned VW mechanics allied to the high quality of services offered by the General Importer/Dealers of the country.

Le Service Après-Vente compétent des ateliers autorisés VW.

Variant II: de grandes qualités techniques - économie, versatilité et performances - enveloppées de façon heureuse de qualités humaines de confort et de beauté.

Des tests rigoureux ont confirmé la solidité du projet: les conditions les plus adverses des routes et des climats n'affectent en rien le comportement du véhicule.

Variant II. Des lignes élégantes et décidées. D'exceptionnelles reprises, des freinages sûrs. Une habitabilité généreuse qui se complète par l'ample contenance des coffres. Moteur peu gourmand,

Tabelle 18.1: Technische Daten des Volkswagen Typ 30 Variant II von 1981

Produktionszeit	November 1977 bis Dezember 1981
Stückzahl	41.002
Motor	Luftgekühlter 4-Zylinder-Boxermotor mit obenliegenden Ventilen, hydraulischen Ventilstößeln und Zwillingsvergaser
Hubraum	1584 cm³
Leistung	65 PS bei 4200/min
Getriebe	4-Gang-Synchrongetriebe
Antrieb	Heckmotor, Hinterradantrieb
Federung	Vorn: Einzelradaufhängung, McPherson-Federbeine
	Hinten: Einzelradaufhängung, Schräglenker, Torsionsstäbe
Lenkung	Zahnstange
Chassis	Zentralrohrkonstruktion
Bremsen	Vorn: Scheibenbremsen
	Hinten: Trommelbremsen
Länge	4325 mm
Höhe	1430 mm
Breite	1630 mm
Radstand	2945 mm
Radgröße	5Jx14
Leergewicht	970 kg
Höchstgeschwindigkeit	145 km/h

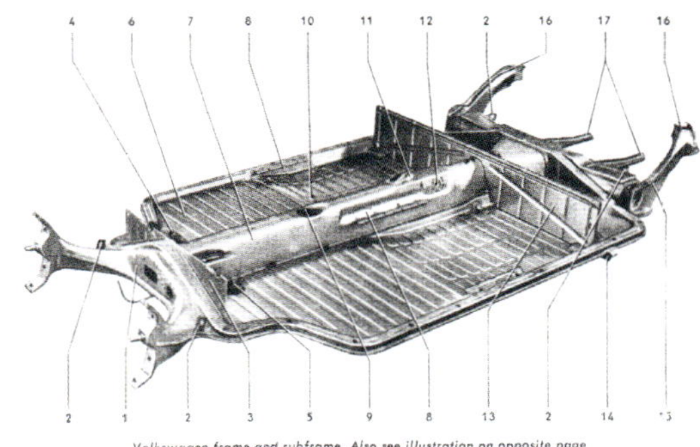

Das reguläre Chassis des deutschen Typ 3, das im Wesentlichen auch für den Variant II verwendet wurde – was übrigens seine erste Nutzung in Brasilien darstellt. Um jedoch Platz für die McPherson-Federbeine und die Zahnstangenlenkung zu schaffen, mussten die „Hörner" an der Spitze – an denen der Achskörper des Typ 3 befestigt wurde – entfernt werden. Eine stattdessen an das Chassis geschweißte robuste Verlängerung diente nun zur Aufnahme der Dreiecks-Querlenker. Die gleiche Modifikation findet sich übrigens auch am Chassis von dem Käfer 1302/1303 mit Federbeinen.

Der deutsche Prototyp des 1600TL mit Fließheck von 1967, der irgendwie der Schrottpresse im Werk entgangen ist, nachdem die Entwicklung abgeschlossen war. Er sieht nicht nach etwas Besonderem aus – bis man einen Blick unter die vordere Haube und unter die Front wirft. Dieses Fahrzeug diente als Versuchsträger für die Konstruktion, aus der die Vorderradaufhängung und Lenkung des deutschen Typ 4 werden sollte. Es verfügt sowohl über McPherson-Federbeine als auch über eine Zahnstangenlenkung. Heute befindet es sich in Privatbesitz. Beachten Sie die Domstrebe zwischen den Federbeinaufnahmen, die dazu dient, den Wagen auszusteifen – eine häufig anzutreffende Konstruktion bei Fahrzeugen, die im Motorsport eingesetzt werden.

Ein trauriges Ende für wunderbare Fahrzeuge!

Kapitel 19
Was wäre, wenn … ?

Im Laufe seiner Geschichte hätte die Entwicklung des Typ 3 auch mehrere andere Wendungen nehmen können. Manche Vorschläge verliefen wegen mangelnder Unterstützung durch die Geschäftsleitung im Sande, andere wegen unrealistischer Annahmen über den Markt oder die verfügbare Technologie, und wieder andere, weil das Management Innovation im Keim erstickte.

Wie in Kapitel 6 dargestellt, zeigten schon die Vorproduktions-Prototypen viele verschiedene Richtungen, die der Typ 3 hätte nehmen können. Als die Produktion bereits angelaufen war, gab es Bemühungen, ein viertüriges Modell als Erweiterung des Prototyps EA 160 einzuführen. Die erste Version hatte einen längeren Radstand, die spätere, erst nach dem Produktionsstart des Typ 3 hergestellte, behielt jedoch den normalen Radstand von 2400 mm bei, weshalb die Vordertüren verkürzt werden mussten. Das sah ziemlich unbeholfen aus, und doch schafften die Brasilianer dies sehr erfolgreich sowohl beim Typ 103 4-Portas als auch beim viertürigen Typ 109 mit Fließheck, ohne den Radstand zu ändern.

Früher EA 160 mit langem Radstand

Die brasilianischen EA-97-Versionen basierten zwar nicht auf dem Chassis des Typ 3, sondern des Typ 14, doch der Radstand war derselbe. Man beginnt sich zu fragen, wie gut sich ein viertüriger Typ 3 in Europa verkauft hätte. Die Marketingexperten in Wolfsburg waren wahrscheinlich der Meinung, dass Europäer kein Interesse daran gehabt hätten. In Brasilien war dieses Interesse jedoch zweifellos vorhanden, und das brasilianische Werk konnte sich Innovationen erlauben, die den anderen Tochtergesellschaften in Südafrika und Australien nicht gestattet waren. Volkswagen de México hatte zwar seine eigene, leicht abgewandelte Version des Bulli T2 herstellen dürfen, allerdings wurde die Produktion 1999 nach Brasilien verlegt. Das mexikanische Werk in Puebla war auch in der Lage gewesen, seine eigene Version des Basistransporters zu bauen.

Es gab also durchaus begrenzte Innovation in Mexiko. Allerdings waren es die Brasilianer unter der Leitung von Rudolf

VW-Prototyp EA 97

Spätes Modell des EA 160

VW Typ 103 4-Portas

VW Typ 109 1600TL

Der 1975 im VW-Werk in Hannover konstruierte Basistransporter war ein sehr einfaches Nutzfahrzeug für Entwicklungsländer mit Frontantrieb und einem luftgekühlten Frontmotor vor der Vorderachse.

Das Konzept des 1979 in Mexiko entwickelten Hormiga entsprach dem des Basistransporters, allerdings war der luftgekühlte Frontmotor hier hinter der Vorderachse und dem Fahrersitz montiert, ähnlich dem alten Tempo Matador mit VW-Motor der 40er und 50er Jahre.

Leiding, die sich Innovation im größeren Maßstab erlauben durften, ohne dass Wolfsburg ihnen bei ihren einzigartigen Fahrzeugen hineinredete. Erst kam der Typ 103 4-Portas, dann die Typen 105, 170 und 109, dann der Typ 145 Karmann-Ghia 1600TC und der stark bewunderte Typ 149 SP-2, gefolgt von der womöglich ultimativen Weiterentwicklung des Typ 3, nämlich dem Variant II, dem das vorhergehende Kapitel gewidmet war.

Die brasilianischen Innovationen und die Schwerpunktsetzung auf luftgekühlte Motoren setzten sich noch lange fort, nachdem Leiding den Vorsitz von VW in Wolfsburg übernommen hatte. Obwohl Typ 3 und Typ 4 in Deutschland ihr Ende fanden und der Passat erfolgreich auf den brasilianischen Markt kam, überraschten die Brasilianer im Jahr 1980, in dem der technisch brillante Variant II bereits in den letzten Zuckungen lag, die Welt mit einem weiteren luftgekühlten Fahrzeug: dem VW Gol.

Weniger bekannt ist, dass der luftgekühlte VW Gol beinahe auch in rechtsgesteuerter Ausführung in Australien verkauft worden wäre. 1982 fuhren Ingenieure des australischen VW-Importeurs und -Großhänders LNC Industries (unter ihnen Jürgen Seil) nach Brasilien und bestellten nach einigen Verhandlungen 5500 rechtsgesteuerte VW Gol. Aufgrund des niedrigen Standes der brasilianischen Währung (des Real) ging man davon aus, mit dem Gol selbst die billigsten Datsun oder den Toyota Corolla und Holden Gemini unterbieten zu können. Es wurden bereits Marketingstrategien entworfen und Prospekte gedruckt. Allerdings kam es zu Problemen bei der Organisation des Transports von Brasilien nach Australien. Manche behaupten, dass VW die Benutzung seiner riesigen Autotransportschiffe für diesen Zweck nicht gestattete. Möglicherweise aufgrund von Druck aus Wolfsburg bekam die Geschäftsführung von LNC in letzter Minute kalte Füße und ließ die ganze Sache platzen. Schade!

Abgesehen von dem luftgekühlten Typ 2 Kombi (Bulli), der noch bis 2005 produziert wurde, war der Gol das letzte neuentwickelte Fahrzeug mit luftgekühltem Motor, das Volkswagen do Brasil produzierte. Die letzten Exemplare dieser Version rollten 1987 vom Band. Alle danach produzierten VW Gol verfügten über wassergekühlte Motoren.

Anfang 1968 begann die Volkswagen Australasia Ltd. damit, ein Fahrzeug eigener Konstruktion herzustellen, nämlich den Typ 197 Country Buggy. Er wurde in Melbourne von den VW-Ingenieuren Rudi Herzmer, Howard Harcourt und Jürgen Seil entworfen und basierte auf dem regulären Chassis, dem Motor, dem Getriebe und dem Vorderachskörper des Typ 1, also des Käfers, verfügte aber an den äußeren Enden der hinteren Antriebswellen über die Untersetzungsgetriebe des Bulli T1 in abgewandelter Form. Die Vorderachsschenkel wurden niedriger gestaltet, was die Bodenfreiheit

Der 1980 eingeführte VW Gol mit Frontantrieb und luftgekühltem Motor basierte nicht auf einem Typ-3-Chassis, sondern hatte eine selbsttragende Karosserie.

Die Zweivergaserversion des luftgekühlten 1600er Motors, der im Gol die Vorderräder antreibt

Einer der in Australien entworfenen und gebauten Typ 197 County Buggies in Penang in Malaysia.

VW Typ 197 Country Buggy, der sich jetzt in den USA befindet.

an der Vorderseite erhöhte. Das ähnelte dem Konzept des später in Deutschland entworfenen Typ 181, der erst im August 1969 auf den Markt kam. Mit seinen einfachen Karosserieblechen eignete sich das Fahrzeug sehr gut als Nutzfahrzeug für den Einsatz in rauem Gelände im australischen Outback. Als Anfang 1968 zwei Country Buggies zur Begutachtung nach Wolfsburg geschickt wurden, zeigte ihnen die Volkswagen AG jedoch die kalte Schulter und winkte ab. Innovation wurde bei den ausländischen Tochterunternehmen nicht gern gesehen.

Trotzdem machte sich die Volkswagen Australasia Ltd. an die Produktion. Doch angesichts der ablehnenden Haltung in Wolfsburg erhielt der Country Buggy nicht die Unterstützung, die er für einen Erfolg benötigt hätte. Die Produktion des sehr ähnlichen Wolfsburger Modells 181 war bereits in den Startlöchern, und der Country Buggy hätte die Marktchancen dieses Fahrzeugs verringert. Unter dem Strich wurden nur 2000 Exemplare des Country Buggy gebaut. Dazu kamen noch einmal 400 CKD-Sätze mit Linkssteuerung, die an die Philippinen geliefert und dort unter dem Namen Sakbayan verkauft wurden. Einige wenige rechtsgesteuerte Fahrzeuge wurden nach Neuseeland, Papua-Neuguinea, Malaysia, Singapur und Kenia exportiert.

In Südafrika erfreuten sich der Typ 3 Variant und der Typ 4 Variant großer Beliebtheit, was sich bis zu ihrem Niedergang in den Verkaufszahlen widerspiegelte (insbesondere beim Typ 3). Abgelöst wurden sie vom Passat, der jedoch ein völlig anderes Fahrzeug darstellte. Als 1976 die Käferverkäufe zurückgingen, machte sich das Forschungs- und Entwicklungsteam von Volkswagen of South Africa an die Arbeit. Ursprünglich war es nur beauftragt worden, einen Käferersatz für Südafrika mit der vom Käfer bekannten Einfachheit und Zuverlässigkeit zu konstruieren. Was dabei herauskam, war jedoch das „Projekt 10/21“, ein Kombi von der Größe des Typ 3 mit dem Chassis und dem luftgekühlten Heckmotor des Käfers, aber einer GFK-Karosserie. Das britische Unternehmen Express Plastics

Das südafrikanische Projekt 10/21

stellte vier Karosserien für den südafrikanischen Entwurf her (zwei Kombis und zwei als „Bakkies" bezeichnete Pritschenwagen), montierte sie auf die vom südafrikanischen VW-Werk gelieferten Chassis und transportierte die Fahrzeuge zurück nach Südafrika. Das Konzept wies zwar einige Mängel auf, aber keine, die sich nicht hätten beseitigen lassen. Dazu sind Prototypen schließlich gedacht. Eines dieser 10/21-Modelle wurde zur Begutachtung nach Wolfburg geschickt, erntete dort aber ähnlich wie der australische Typ 197 Country Buggy eine beinahe vernichtende Ablehnung.

Stattdessen ließ Wolfsburg in Südafrika den viel anspruchsvolleren VW Golf montieren, der im Mai 1978 auf dem südafrikanischen Markt eingeführt wurde und sich trotz seines Preises und seiner Kompliziertheit schnell zum echten Nachfolger des Käfer entwickelte, vor allem in der Ausführung als Citi Golf. Auch hier zeigt sich wieder Wolfsburgs zurückhaltende Voreingenommenheit gegenüber Innovationsversuchen seiner ausländischen Tochterunternehmen.

Während dieser Zeit hofften Volkswagen, Ford, Toyota, General Motors, Citroën und verschiedene andere Hersteller, Kapital aus der Nachfrage nach Kraftfahrzeugen in Entwicklungsländern schlagen zu können, insbesondere nach einfachen und leicht zu wartenden Modellen. So kam VW auch auf die Idee mit dem in Hannover hergestellten EA 489 Basistransporter. Er konnte zwar in begrenzter Stückzahl exportiert werden, erwies sich aber als totaler Flop. Mit etwas mehr Entwicklungsarbeit hätte der 10/21 zu einem späten Nachfolger des Typ 3 Variant in Südafrika und möglicherweise auch in Entwicklungsländern werden können. Es hatte jedoch nicht sein sollen.

Vielen Dank an Stiftung AutoMuseum Volkswagen, Randy Carlson, John Lemon und Volkswagen do Brasil für einige der Fotos in diesem Kapitel.

BORN LOCAL
FALKEN